稀奇古怪科学院

了不起的化学

林瘦猫⊙著

中国妇女出版社

图书在版编目（CIP）数据

了不起的化学 / 林瘦猫著. -- 北京 ：中国妇女出版社，2021.7
（稀奇古怪科学院）
ISBN 978-7-5127-1995-8

Ⅰ.①了… Ⅱ.①林… Ⅲ.①化学－青少年读物 Ⅳ.①O6-49

中国版本图书馆CIP数据核字（2021）第099114号

了不起的化学

作　　者：林瘦猫　著
责任编辑：肖玲玲
封面设计：尚世视觉
责任印制：王卫东
出版发行：中国妇女出版社
地　　址：北京市东城区史家胡同甲24号　　邮政编码：100010
电　　话：（010）65133160（发行部）　　65133161（邮购）
网　　址：www.womenbooks.cn
法律顾问：北京市道可特律师事务所
经　　销：各地新华书店
印　　刷：三河市祥达印刷包装有限公司
开　　本：165×235　1/16
印　　张：14.5
字　　数：150千字
版　　次：2021年7月第1版
印　　次：2021年7月第1次
书　　号：ISBN 978-7-5127-1995-8
定　　价：59.80元

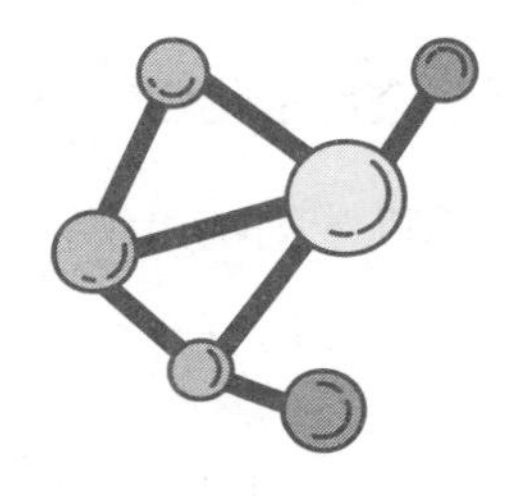

前言 Preface

大家好，我是林瘦猫。

我有两重身份，在现实里，我是一位高校教授；在微博上，我是一位科学科普博主（新浪微博：@林瘦猫）。

作为一名科研工作者，我的日常工作包括教课、做研究和做报告，也包括为学校做一些招生和宣讲的服务工作。在这个过程中，我有一个很直观的感受就是，想报考化学专业的高中毕业生越来越少了，想当科学家的初中生、小学生也越来越少了。

别的暂且不论，化学给人的印象可能不太好。人们会认为化学和污染、爆炸、中毒相关，听起来就很危险。但实际上化学是千姿百态的，化学研究也是千姿百态的。从地球化学、天体化学，到药物化学、生物化学，化学作为一门重要的基础学科，基本和所有的学科门类都有交叉，是很多领域新发现的重要参与者。

我们身处在物质世界之中，目之所及，身体四周全都是物质，也全都是化学的研究对象。30年前，塑料还比较少见；20年前，彩屏手机才刚刚出现；10年前，用“万能充”给可以插拔的手机电池充电还是很常见的……这些科技进步都离不开化学的发展。此外，从你穿的衣服与鞋子、喝的饮料、吃的食物、乘坐的汽车等方面的变化来看，这些也都离不开化学的进步和发展。

这正是我作为科学科普博主想要传达的东西，也是这本书写作的原动力之一。

时至今日，化学的实用和美，却并没有被普及和深入人心。人们提到科研成果，总是会想起冲上九霄的航空航天科技，或者和人类生命息息相关的医药健康，但对悄悄改变我们生活的化学知之甚少。

希望大家在看完这本书后能对化学多一些认识，能学着用“世间万物都是化学物质”的视角看待我们已经习以为常的世界。

林瘦猫

2021年5月27日

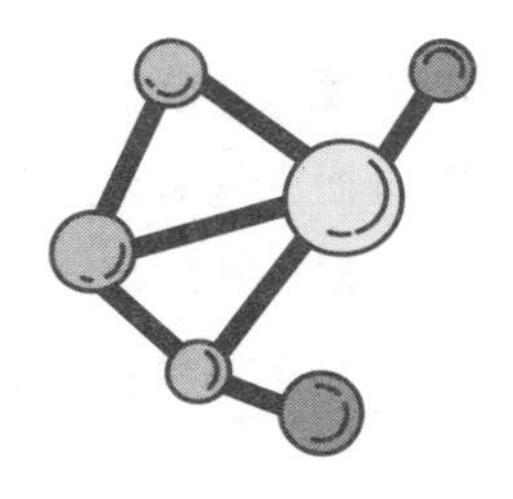

目录 contents

第一章　稀奇古怪的化学问题

第二章　万万没想到：生活用品中有化学

第三章　原来吃也跟化学有关啊

第四章　药物中的趣味化学

第五章　水和火中的脑洞化学问题

第七章　古人眼中的化学

第八章　超有趣的化学史

第九章　不可思议的化学实验和发明

第十章　万万想不到是这样的化学

第一章

稀奇古怪的化学问题

01. 鸟粪为什么是白色的？

人和大多数哺乳动物对蛋白质的代谢终产物是尿素，而鸟类和爬行类对蛋白质的代谢终产物是尿酸。

绝大多数鸟类没有膀胱结构，所以鸟类的粪便和尿液混在一起从同一个孔排出，这个孔称为泄殖腔。

鸟粪中的白色物质即是尿酸。

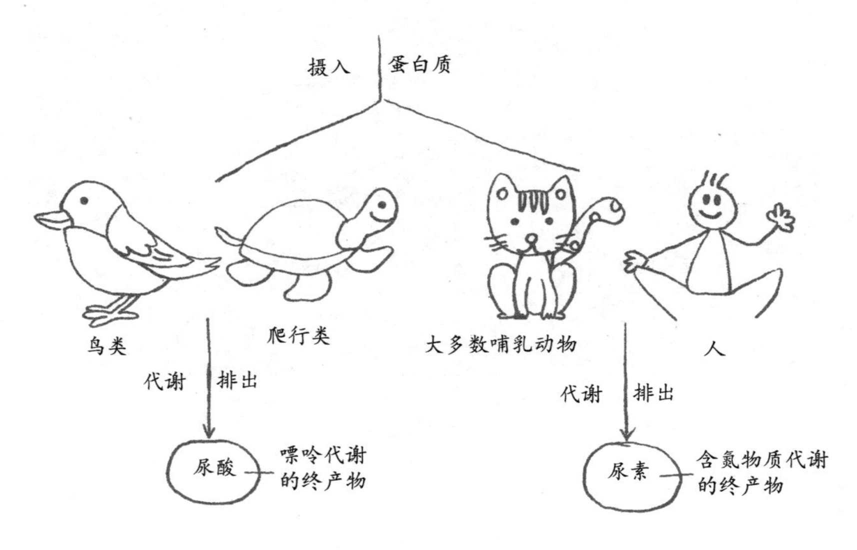

尿素、尿酸的区别

02. 鸟粪曾经引发过战争

19世纪初的欧洲，随着人口的急剧增长，仅依靠人畜粪便和动植物腐烂物等自然肥料已无法保证随人口增长所需的粮食产量。

秘鲁的鸟粪石曾是重要的战略资源。这种矿石是由鸟类、海豹、蝙蝠粪便经年累月堆积和发酵而成，含有丰富的氮和磷，因此引发了著名的“南太平洋战争”，也称“鸟粪战争”。

03. 蝴蝶为什么喜欢喝泥水？

成年蝴蝶仅能通过口器吸食液体。它们从潮湿水坑中吸水以补充水分，以花蜜或果汁为食，从中获取糖作为能量，并获取钠和其他对繁殖至关重要的矿物质。有些蝴蝶需要的钠比花蜜能提供的钠要多，因此容易被盐水或泥水中的钠吸引。它们有时还会被人类汗液中的盐吸引，因而落在人身上。还有些蝴蝶通过粪便、腐烂水果或尸体以获得矿物质和营养。

在许多种类的蝴蝶中，仅雄性蝴蝶有喝泥水这种行为。

04. 动物的血都呈红色的吗？

所有脊椎动物（包括人类和哺乳动物在内）和部分无脊椎动物的血都呈红色。这是因为其中含有血红蛋白，其中心结构是卟啉和铁离子形成的络合物，呈红色。但不是所有动物的血液都是红色的。节肢动物，例如虾、蟹的血液含铜，其中的血蓝蛋白具有卟啉和铜离子形成的络合物结构，无氧络合状态呈无色或者白色，氧饱和的情况下呈蓝绿色。昆虫的血液则有可能是黄色、红色、蓝绿色等。

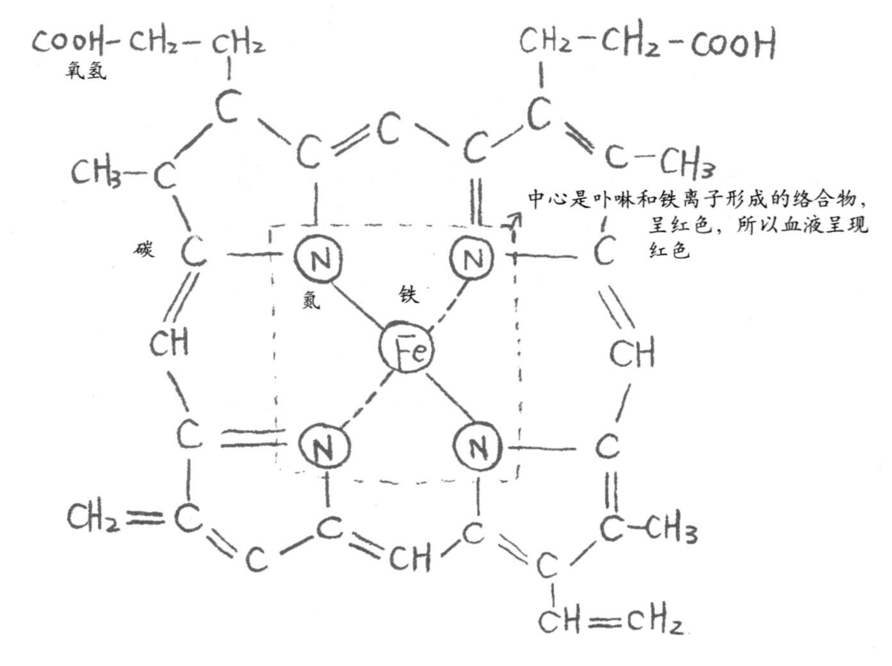

血红蛋白的中心结构

05. 雨后的泥土味是什么？

雨后的空气中会有一种特殊的土腥气。

起初科学家认为这是由大气中特殊的有机物质引起的，或者是土壤中的生物死亡后释放出的物质引起的。但后来科学家发现这种土腥味来源于放线菌的生理活动。

放线菌会在温暖、潮湿的土壤中繁殖，并释放出土臭素，这就是土腥气的来源。

土臭素容易挥发，且在被雨水冲击的土壤产生的气溶胶中大量释放。

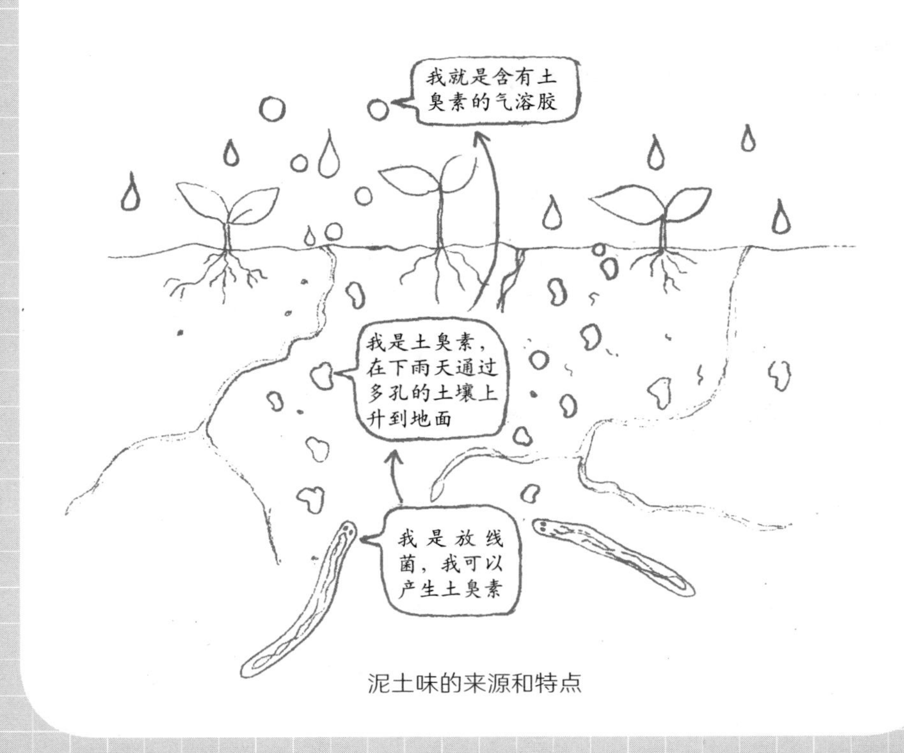

泥土味的来源和特点

06. 红色的树叶也能进行光合作用吗？

一般绿色的树叶由于存在叶绿素，因此可以进行光合作用。

除叶绿素外，树叶中还有其他色素，例如叶黄素、类胡萝卜素和花青素等。

由于叶绿素对温度敏感，容易在低温下分解，因此枫树的叶子在秋季会变成红色。但此时树叶中实际上还有未完全分解的叶绿素，仍然可以进行光合作用。

而其他本来呈现红色的叶子，比如苋菜，也是因为叶绿素的颜色被大量的其他色素掩盖了，但仍然可以进行光合作用。

07. 元代的青花瓷曾使用海外材料

自古以来，中国使用的钴蓝染料成分是氧化铝和氧化钴的复合物，或者说铝酸钴。驰名海内外的青花瓷中的蓝正是使用钴料烧制而成。

据说早在唐代就有使用钴料烧制蓝色瓷器的记录，但直到元末，随着海上贸易的发展，一种叫作“苏麻离青”的钴料传入我国，发色极好，元青花因此达到艺术化境。

不过钴蓝并不是只在青花瓷中大展拳脚，一些欧洲的绘画作品和烧制蓝玻璃中也使用了钴蓝。

08. 雷雨为什么有助于植物生长？

雷雨过程可以把自然界的氮气转化为二氧化氮，随后在环境中发生复杂的化学转化过程，将其转变为植物可以利用的氨态氮肥和硝态氮肥。

作为蛋白质的构成元素，氮元素是植物正常生长必需的化学元素。

随着生物链的传递，这些氮元素会逐渐进入食草动物、食肉动物和杂食性动物的体内，继续参与各项生理活动中的生物化学过程。

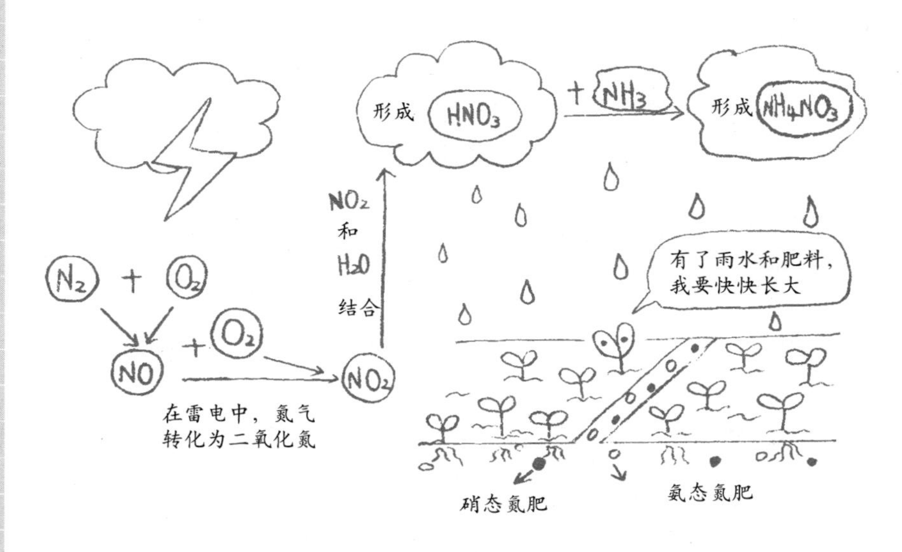

氮气到氮肥的转化过程

09. 红铜、白铜、黄铜、青铜都是铜吗？

纯铜呈紫红色，因此又称为紫铜和红铜。白铜、黄铜、青铜都是铜与其他金属形成的合金。

白铜是以镍为主要添加元素的铜基合金。黄铜是由铜和锌所组成的合金，由铜、锌组成的黄铜就叫作普通黄铜，如果是由两种以上元素组成的多种合金就称为特殊黄铜。

铜与锡、铅或铝形成的合金称为青铜。合金是改变金属的熔点、硬度、脆性的常用改性手段。

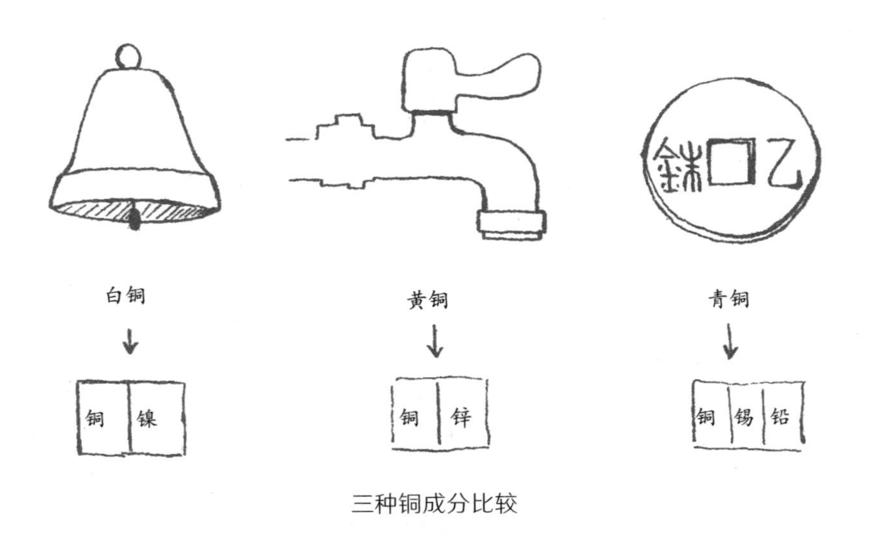

三种铜成分比较

10. 青铜真的是青色的吗？

青铜是纯铜加入除了锌与镍以外的其他金属形成的合金，例如加入锡、铅或铝的铜合金。

新制出来的青铜根据加入成分的比例不同，可呈现银白色、淡黄色、棕黄色等。但古时青铜器埋在土里后颜色因氧化和生锈变为青灰色，故将其命名为青铜器。

11. 银器变黑是有毒的标志吗？

在古装电视剧和小说中，常常会有银器碰到毒物变黑的情节，尤其是针对鹤顶红（砒霜）等毒药。

这其实是古代的制毒工艺不高，常常含有硫化物所致。硫化物会与银反应生成黑色的硫化银。

其实纯的鹤顶红是不会使银器变黑的，而皮蛋也可以使银器变黑，但并没有毒。

12. 银制的饰品变黑是吸收了人体的毒素吗？

人体的一些代谢废物可以使银器变黑，例如人的屁中含有硫化氢，是其臭味的来源之一，硫化氢和银发生反应，形成黑色的硫化银。

汗液中也可能含有硫化物，因此银制饰品并不是主动从人体中吸收代谢废物，只是被动地与这些废物发生了反应。

13. 为什么汽油会导致人体铅中毒？

四乙基铅一度被广泛用作汽油添加剂，以防止发动机内的震爆现象，从而提高汽车发动机效率和功率。然而，燃烧含铅汽油会使空气中悬浮的铅元素大量积聚。

此外，未完全燃烧的四乙基铅被吸入人体后转化为三乙基铅，会穿透血脑屏障，伤害大脑和中枢神经系统。

截至2016年6月，联合国环境规划署赞助的含铅汽油淘汰工作基本完成，世界上除了少数国家仍在使用含铅汽油外，大多数国家已经停止使用。

14. 人的毛发可以排毒吗？

头发不仅关乎人的外在形象，而且对排毒也有一定帮助。人体排出砷、汞、铅、镉、铊等重金属的途径之一是通过毛发生长来实现的。

由于这些重金属离子可以与人体内一种富含巯基的蛋白质结合，形成稳定的配合物，而这种蛋白质在头发中的含量比在人体其他组织和体液中更高。因此在毛发生长时，重金属元素会混入毛发，随毛发长出体外。也正因为如此，头发可以用于铅暴露风险评估。

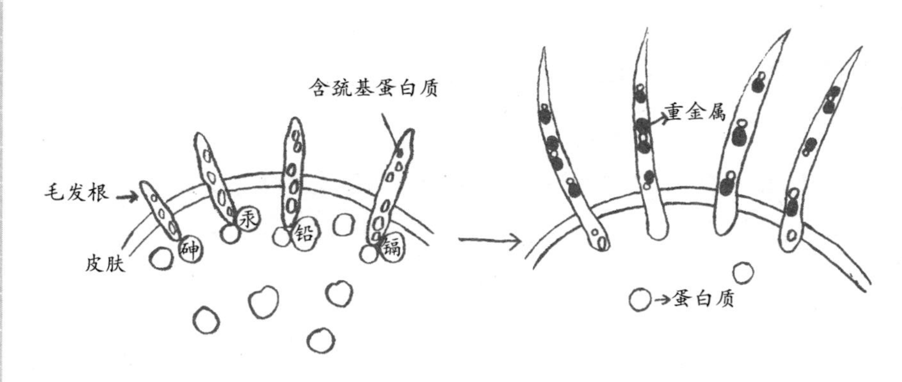

重金属与蛋白质的结合和排出过程

15. 人的身体里也有塑料吗？

轮胎是地球上最常见的微塑料污染源之一。随着橡胶磨损，轮胎会脱落微小的塑料聚合物，这些微塑料最终往往进入空气和海洋，成为污染物。

2004年，英国普利茅斯大学的汤普森等人在美国《科学》杂志上首次提出微塑料概念，微塑料指的是直径小于5毫米的塑料碎片和颗粒。

最新研究发现，这些进入空气和海洋中的微塑料会被生物富集，并通过食物链进入人体。

16. 人体最坚硬的成分是什么？

牙齿中约96%的成分是一种叫羟基磷灰石的矿物质，剩下的4%由水和有机物组成。羟基磷灰石也是人体骨骼的主要成分，其分子式为$Ca_{10}(PO_4)_6(OH)_2$，是人体中最坚硬的成分。

这种成分在“深海拳击手”雀尾螳螂虾的一对前足表面也可以找到，它们通过快速击打甲壳类动物以破壳吃肉，冲击速度超过80千米/小时，甚至可以击破水族箱的玻璃。

17. 吸血鬼的原型病——卟啉症患者为什么需要喝血？

吸血鬼的原型病是卟啉症，这种疾病患者的体内无法正常合成血红素，从而使得未转化的卟啉在体内大量累积，造成细胞损伤。

卟啉在黑暗中对人体无害，但对光很敏感，一旦见光，就会腐蚀人的牙龈和皮肤。

在现代医学昌明之前，喝血确实可以缓解患者的部分症状，因为血红素可以抵御消化道的攻击，在小肠被人体吸收。

18. 塑料恐龙玩具可能真的是恐龙做的

塑料基本是石油化工的下游产品。

虽然石油的来源尚未有明确的定论，但目前主流观点认为它是由远古生物（例如古生物和藻类中的有机物）通过漫长的压缩和加热后逐渐形成的。因此，塑料制成的恐龙玩具中可能真有恐龙的成分呢。

19. 为什么养牛会导致温室效应？

温室效应并不是只与二氧化碳有关。另一种温室气体——甲烷的温室效应是二氧化碳的20倍。而甲烷的释放与我们吃的肉其实有很大关系。

牛、羊等反刍动物的肠道发酵过程是它们消化植物的主要途径，同时会产生甲烷气体。另外，动物粪便的处理也会产生大量甲烷。

2017年，美国的甲烷释放量中超过三分之一与畜牧业有关。牛是肠道发酵产生甲烷的主要畜牧业动物，而猪粪产生的甲烷超过粪便处理产生甲烷总量的95%。

目前各国科学家正在想办法解决这一难题，或可通过改变牛的肠道菌群，改变饲料组成，以降低牛屁中的甲烷。

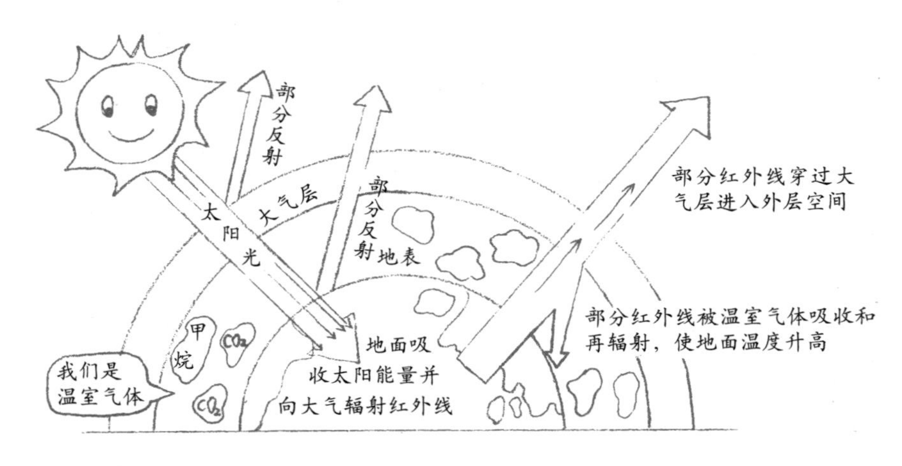

甲烷为何会导致温室效应

20. 荧光棒为什么可以发出冷光？

化学荧光棒是内外管分装两种液体化学成分的透明塑胶棒，外层以塑料包装，内置一玻璃管夹层，夹层外液体主要是荧光染料、碱催化剂和酯类化合物，玻璃管内的化学物质主要是过氧化氢，也就是双氧水。

经弯折、击打、揉搓等使玻璃破裂，引起两种化合物反应，致使荧光染料放出光能，但它并不会产生大量热能。

这个过程被称为化学荧光反应。例如，草酸二苯酯与过氧化氢反应可形成过氧酸酯（1, 2–二氧杂环丁酮）。过氧酸酯自发分解出二氧化碳，同时释放出能激发染料的能量，荧光染料分子通过释放光子产生能量。

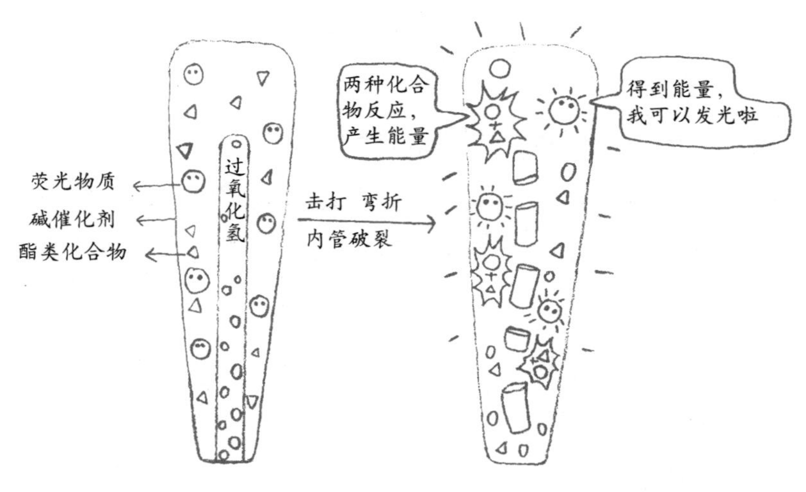

荧光棒发光过程

21. 化肥养活了世界上一半的人口

人工合成氨是非常重要的化工过程，它将空气中的氮气固定为可以用于制造化肥的氨。全世界75%～80%的合成氨被用于制造化肥，这其中包括：27%的氨水（直接使用）、19%的硝酸铵、14%的尿素、9%的磷酸氢铵、3%的硫酸铵和8%的混合氮肥。此外，氨和尿素还被用于畜牧业，作为蛋白质的氮源添加进动物的饲料补充剂。

据估算，一个人从小到大吃进去的各种食物中的氮元素大约一半来源于人工合成氨。因此，如果没有人工合成氨，地球上的天然食物产量只够支撑目前77亿人口的一半。

22. 化学的前身是炼金术吗？

炼金术曾经从欧洲传到埃及又传回到欧洲，它是正儿八经的现代化学的始祖。

西方炼金术认为金属都是活的有机体，可逐渐发展成为十全十美的黄金。其他金属变成黄金，是一个变得完美的过程。与此类似的，“贤者之石”和“永生酒”都是同时代的人们在对世界的认知过程中想象出的东西。

这些论断虽然天真，但鼓励了大量有钱有闲的炼金术士探索物质，研究金属等各种元素相互变化的规律，这些研究也逐渐演变为现代化学的前身。

23. 为什么汽车尾气不像10年前那么黑了？

如今的发动机除了更先进，使汽油的燃烧更充分以外，另一个重要变化就是尾气的排气管中都安装了尾气处理催化剂，这种催化剂被称为三效催化剂，其主要的活性成分是贵金属铂和钯，也就是俗称的白金和钯金。

这种催化剂可以将未能完全燃烧形成的碳氢化合物进一步氧化，形成对人的健康危害较小的二氧化碳和水蒸气。

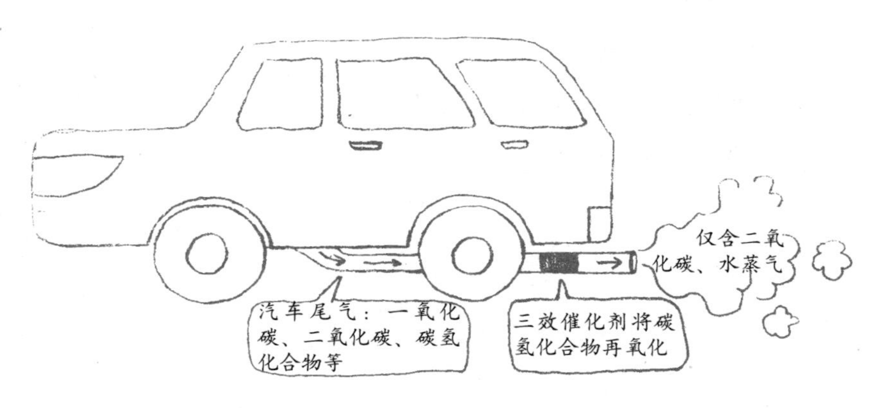

尾气处理催化剂的工作原理

24. 早期汽车安全气囊内的物质其实毒性巨大

早期汽车安全气囊内使用的叠氮化钠在被撞击时会产生大量氮气。但由于叠氮化钠有剧毒，不利于处理报废的汽车，因此近些年气囊内使用的是被撞击后会发生爆炸式分解的其他有机物，产生的同样是无毒的氮气。

25. 霓虹灯为什么叫霓虹？

法国工程师兼发明家乔治·克劳德（Georges Claude）进一步发展了工业级液化空气的技术。由于工业级液化空气中产生的副产物是氖气，因此他开发了氖气灯管，并且成为第一个向密封的氖气管放电而制造霓虹灯的人，成为现代荧光灯发展的先驱。

氖气的英文名为neon，发音比较像霓虹，因此在翻译neon light时，被音译成了霓虹灯。

26. 火星为什么是红色的？

火星的红色主要来源于表面覆盖的氧化铁沙尘，也就是俗称的铁锈。覆盖火星表面的氧化铁像滑石粉一样细。在尘土之下，火星地壳主要由火山玄武岩构成。火星的土壤中还有钠、钾、氯和镁等元素。

2012年，美国国家航空航天局（NASA）发射的火星探测器“好奇号”降落在火星上。在经过36周的飞行后，它开始对这颗红色的星球进行为期2年的调查。

“好奇号”大概有一辆小汽车大小，搭载了迄今为止送往火星的最为专业和先进的仪器。

27. 地壳中天然存在的最稀少的元素是什么？

砹元素的命名源于希腊文“astator”，原意是“改变”。

天然存在的砹元素不仅稀少，而且由于具有放射性，它很容易转变为其他元素。其所有同位素都转瞬即逝，而最稳定的同位素^{210}At的半衰期仅为8.1小时，也就是说世界上的^{210}At每8小时就会消失一半。

28. 液态的氧为什么是蓝色的？

在高压、低温下，氧气分子由于其特殊的电子结构，会形成排排坐的有序结构，有点像磁铁内的磁畴一样，会对磁场产生力的作用。

同时，这种电子结构使液态氧能够吸收可见光中的红色光，因此反射出蓝色光。

29. 辣并不是一种味觉

人的味觉感受细胞中并没有辣的受体蛋白。

辣觉其实是一种痛觉。

辣椒属植物体内富含辣椒素，对包括人类在内的哺乳动物都有刺激性。辣椒素会使得口腔和体表产生烧灼感，而鸟类一般对辣椒素没有感觉。

当辣椒素接触舌头时，与它结合的受体为辣椒素受体（TRPV1），这是一种同样对热、酸和物理磨损敏感的受体。

因此，辣产生的痛觉与过热、磨损引起的痛觉是一样的。

30. 口红里可能有贝壳粉

口红中闪闪发亮的小颗粒被称为珠光颜料。

一般有层状结构的矿物或生物矿物会产生珠光效应，主要是由于这些物质会使光线发生反射和干涉现象，这就是鱼鳞、珍珠和贝壳的内壁会闪闪发光、五颜六色的原因。除了贝壳粉以外，云母等天然矿物也可以作为添加剂加入口红、眼影等化妆品，达到珠光效果。

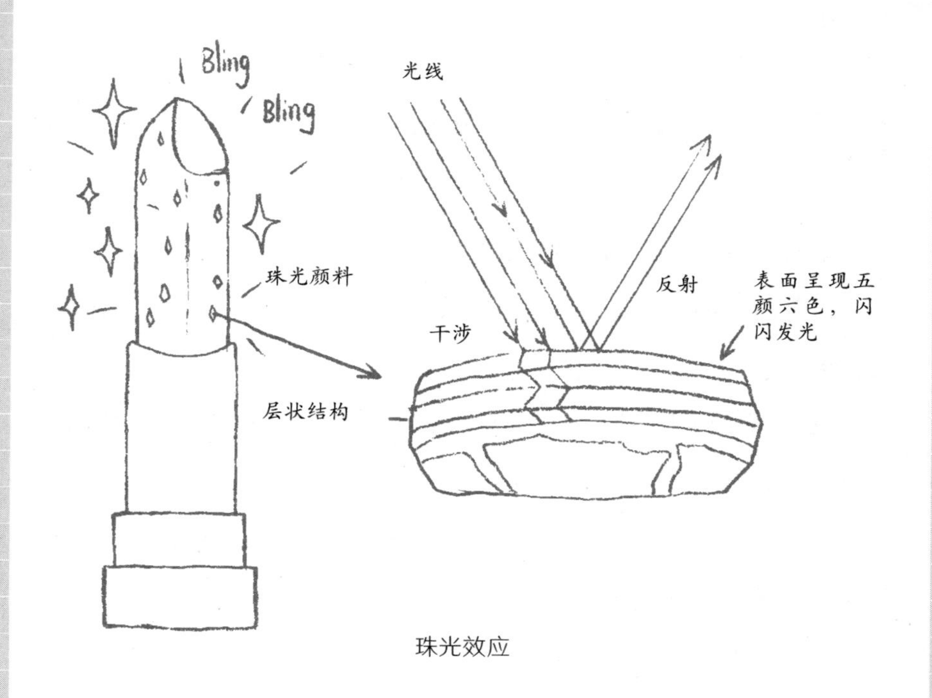

珠光效应

31. 可乐为什么可以用来刷马桶？

用可乐刷马桶运用了酸碱反应的化学原理。

可乐一类碳酸饮料中注入了二氧化碳形成碳酸，同时在配料中还会加入磷酸、柠檬酸等添加剂，从而在饮用时会产生刺激的感觉。

可乐饮料呈酸性，pH值在2～3之间，而马桶中的污垢多是碱性的尿碱和可以被酸溶解的水垢。

酸性的可乐碰上碱性的污垢后，就会发生酸碱中和反应，溶解固体污垢。

32. 有一种金属可以在手里熔化

镓元素，符号为Ga，原子序数为31。

元素镓在标准温度和压力下为柔软的银蓝色金属，但在液态时会变成银白色。

由于镓的熔点温度为29.76℃，低于人体正常体温37℃，因此金属镓会在人的手中熔化。

由于这一特性，镓一直被用于制造低熔点合金，比如替代水银用于制造无毒的温度计等。

33. 煤气、燃气和天然气如何分辨？

煤气是以煤为原料加工制得的含有可燃组分的气体，主要成分是氢气和一氧化碳等。但由于制备工艺不同，煤气中常常含有甲烷等可燃性气体。

由于一氧化碳有毒，所以煤气不完全燃烧是有害的，我国早年使用的煤气管道已经基本停止供应。

世界上大多数国家已于20世纪中期改用天然气，天然气的主要成分为甲烷。

燃气灶使用的罐装燃气指的是液化石油气，通常是丙烷和丁烷的混合物，伴有少量的丙烯和丁烯。液化石油气的灶头不可以与天然气混用。因为相同流速的液化石油气和天然气相比，液化石油气燃烧需要的空气流速更大。

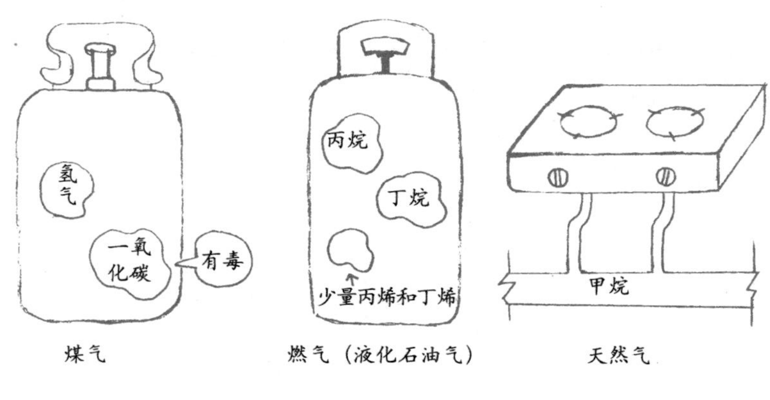

三种气的成分区别

34. 磁铁是什么物质？

可以被磁化的材料，也就是被磁铁强烈吸引的材料，称为铁磁性材料，包括铁、镍和钴单质及其合金，稀土金属的某些合金，以及一些自然产生的矿物质，例如铁矿石等。

尽管铁磁性材料是唯一能强烈吸引磁铁的材料（通常被认为是磁性材料），但其他物质也会通过其他类型的磁性对磁场产生微弱反应，例如抗磁性、顺磁性等。

35. 指甲吃进肚子会发生什么？

指甲的主要成分为角蛋白。虽然角蛋白在物质分类上也属于蛋白质，但一般难以分解，在体内不会被消化系统消化，会随着粪便排出。未被排出的碎屑很有可能在肠内形成包裹物，进一步发展成结石等。

此外，指甲下面一般难以清洗，很容易藏匿细菌，因此啃食指甲是非常不卫生的行为。

36. 玻璃为什么透明？

普通玻璃是由二氧化硅（早期人们使用沙子）和其他化合物熔融在一起形成的（主要生产原料为纯碱、石灰石、石英）。

这些原材料在熔融时形成连续网络结构，冷却过程中黏度逐渐增大并逐渐硬化。

由于这种网络结构对可见光范围内的电磁波几乎没有吸收，因此人眼看起来，好像玻璃是完全透光的。但实际上，玻璃可以阻挡部分紫外线，这就是隔着玻璃不太容易晒黑的原因。只是因为我们的眼睛看不到紫外线，因此会认为玻璃是完全透明的。

37. 镜子是怎么制造的？

如果仔细观察镜子会发现，其实镜子就是在玻璃的一侧镀上一层不透光并且反光的膜制成的。

1507年，威尼斯人安德里亚和盖罗首次将锡和水银的合金用于玻璃背面，从而制造出了现代意义上第一面精致、复杂的镜子，此后镜子的制造工艺成为威尼斯最重要的商业机密。

现在，镜子一般使用银或铝作为镀层。

38. 不锈钢为什么又叫锰钢？

地壳中的锰主要来自软锰矿（二氧化锰）、硬锰矿（锰酸钡）、硅酸锰，少量来自菱锰矿（碳酸锰）。85%～90%的锰用于铁合金的冶炼，即锰钢。

锰是低成本不锈钢的关键组成部分。含锰量为8%～15%的钢具有高达863兆帕（MPa）的抗冲击强度。

1882年，英国冶金学家罗伯特·哈德菲尔德（Robert Hadfield）发现了含锰量为12%的钢，这种钢后来被命名为哈德菲尔德钢（mangalloy），用于制作英国军用钢盔和美国军用钢盔。

39. 尿液为什么是淡黄色的？

正常人的尿液呈淡黄色，色素主要来自身体正常新陈代谢产生的尿胆素等，这种颜色代表身体机能正常。

尿胆素是由血红素降解产生的，血红素首先降解为胆绿素，进一步降解为胆红素。胆红素以胆汁形式排泄，然后被大肠中的微生物进一步降解为尿胆素原。一些尿胆素原留在大肠，并且最终随粪便排出，使粪便呈现褐色。一些尿胆素原被吸收到血液中，然后被输送到肾脏。当尿胆素原暴露于空气中时，它会被氧化成尿胆素，使尿液呈淡黄色。

40. 猪油可以制造肥皂吗？

最著名的制造肥皂的方法叫皂化反应，动物油脂和烧碱（氢氧化钠）反应生成脂肪酸钠，就是老式肥皂的组分。

按照这个原理，任何油都可以做成肥皂。

肥皂能去污的原理取决于其分子结构，由于其一端亲水、一端亲油，所以可以把衣物上的油污带走，这也是洗面奶、洗发水、沐浴乳、香皂、洗洁精、洗衣粉等洗涤用品能去污的原理。

41. 白色的无水硫酸铜变为蓝色的五水硫酸铜是化学变化吗？

因为这个过程中有新的物质生成，所以是化学变化。虽然五水硫酸铜（$CuSO_4 \cdot 5H_2O$）和无水硫酸铜（$CuSO_4$）的分子式看上去没有什么变化，但其微观的物质结构发生了显著的变化。

结晶水是以中性水分子形式参加到晶体结构中的一定量的水，在晶格中占有一定的位置。

土壤中土粒所含的结晶水，不能直接参加土壤中进行的物理作用，也不能被植物直接吸收。

结晶水不具有水的特性，而属于结晶水化合物的一部分。

42. 太阳能电池板为什么可以把太阳光变成电？

太阳光照在太阳能电池板上，被其中的半导体材料（例如掺杂硅）吸收，形成被激发的电子。电流流过材料以消除电位，并捕获了电。

最常见的太阳能电池配置是由硅制成的大面积半导体异质结，由不同种类的半导体交接形成（p–n结）。

太阳能电池的受光面通常具有透明的导电膜，由具有高透射率和高电导率的膜制成，例如氧化铟锡、导电聚合物或导电纳米线网络。

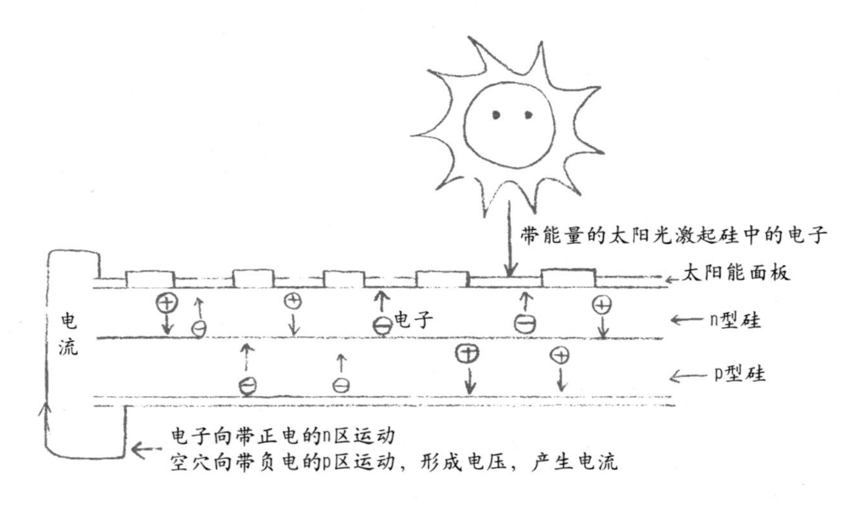

太阳光变成电的过程

43. 水泥为什么遇水会变硬？

水泥的主要成分是含钙的硅酸盐、铝酸盐等混合物，是强碱性的混合粉末。与水混合后，水化反应和水解反应会使其中的分子相互交联，形成一整块固体。这一过程根据组成的不同，需要数小时或者数天完成。

但实际上，固化后的水泥内部仍有许多未完全反应的原料，当整块水泥出现小的裂缝时，空气中的水蒸气会扩散到内部，使反应进一步发生。因此，从某种意义上说，水泥是可以自己“愈合”的材料。

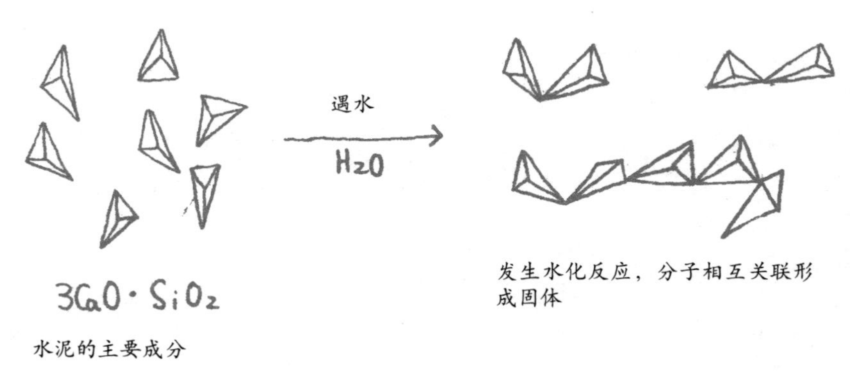

水泥的水化反应

第二章

万万没想到：生活用品中有化学

01. 纯棉衣物为何能吸水？

纯棉衣物的主要成分是棉纤维，棉纤维的主要成分是纤维素，大约占总重的90%。在物质分类上，纤维素属于多糖，是一种天然高分子，由于可以和水形成氢键，因此纯棉衣物通常很吸水。

纯棉衣物常会发生缩水的现象，这是因为吸水后纤维膨胀，导致织物整体收缩。

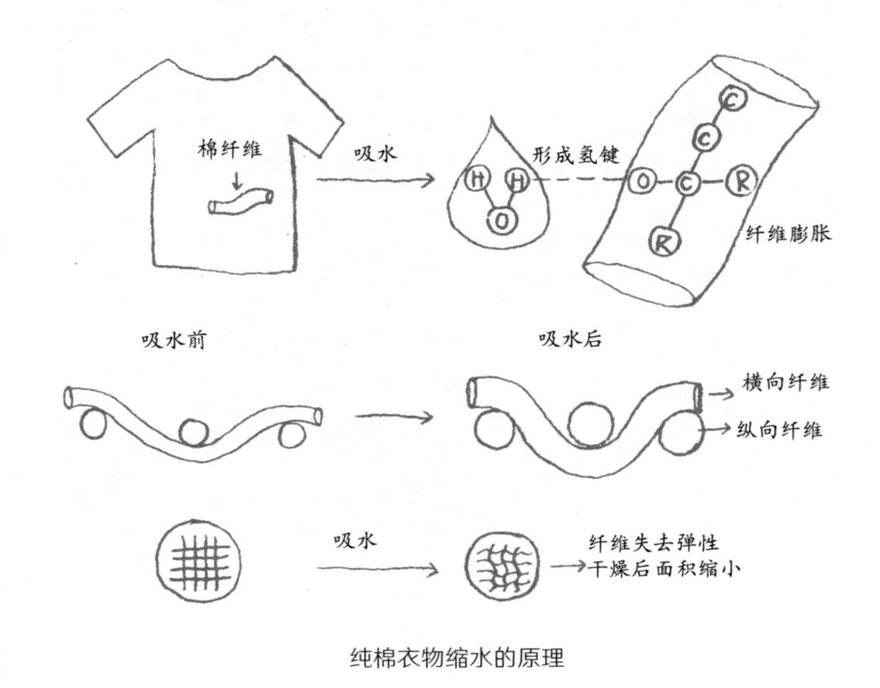

纯棉衣物缩水的原理

02. 丝绸的主要成分是什么？

丝绸是由蚕丝制成的。

蚕丝是蚕通过织茧形成的，其化学成分主要是丝素蛋白和丝胶蛋白，其中丝素蛋白占总重的70%～80%。

丝素蛋白是一种不溶于水的天然蛋白质纤维。

丝素蛋白和丝胶蛋白相互缠绕，使蚕丝纤维的强度和韧性变大。

03. 化纤衣服对皮肤不好吗？

“化纤衣服对皮肤不好”这个说法来源于几十年前，那是高分子技术还未高度发展的时代。

如今化学纤维的定义更为宽泛，不仅包括利用纤维素和蛋白质仿照蚕丝的制造方式重新再生纤维，也包括利用新型高分子材料，改变亲水性和微观结构的纤维。化学纤维已经成为一个包括众多成员的大家庭。其中很多化学纤维的实际性能比天然棉麻等更为优秀。

04. 不是所有衣服都可以漂白

漂白剂的漂白机制是通过强氧化性分解衣物上残留的有机污染物。

由于衣服的纤维本身也可以被氧化，很多衣服漂白后会变黄或变脆，例如纯棉衣物和丝绸衣物会被氧化剂损伤，因此最好不要漂白。此外，皮制品也不可漂白。

购买衣物时，衣服内的小标签上常有是否可漂白的字样，可以留意。

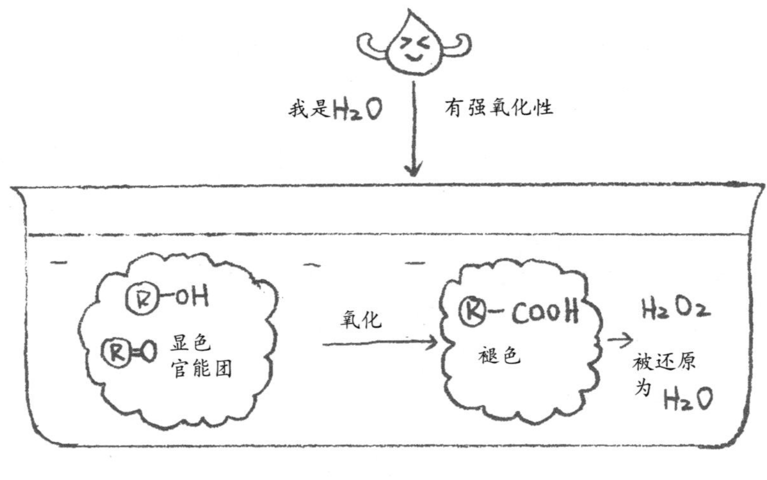

漂白机制

05. 食品包装中的硅胶小袋是做什么用的？

为了使食品防潮，食品袋里经常会放一个小袋，里面装的是干燥剂——硅胶。

硅胶的主要成分是二氧化硅。与水晶等高度晶化的二氧化硅不同，硅胶的微观结构是非晶态的无定型结构，其化学性质稳定、不可燃。

由于存在很多硅氧键，硅胶容易吸水，可用于仪器仪表、食品药品、电器设备等的干燥处理。

硅胶吸水是一个可逆的过程，所以饱和吸附之后的硅胶在高温脱水后可以重复利用。

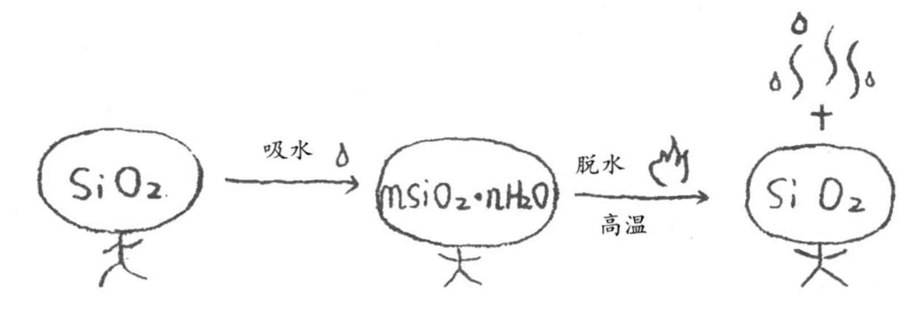

硅胶的吸水和脱水过程

06. 不小心误食了干燥剂硅胶该怎么办？

食品干燥剂——硅胶是无毒的，不会被人体吸收，即便不做任何处理，它也可随粪便排出体外。

此外，还有一种有颜色的硅胶，主要用于指示含水量，有颜色主要是因为它加入了金属盐。例如加了钴盐的硅胶在干燥时呈蓝色，在吸水后会逐渐变为粉色。这些有颜色的硅胶有毒，如果误食可能会造成剧烈的呕吐，需要立刻就医。

07. 干燥盒里产生的水应该怎么处理？

干燥盒中的干燥剂主要成分是无水氯化钙，当吸收了大量的水之后，无水氯化钙会溶解为溶液。

由于其中的钙离子和氯离子对环境都没有污染，因此可以直接将产生的溶液倒入下水道。

08. 家用盒装干燥剂的主要成分是什么？

南方天气潮湿，尤其是在春夏之交的回南天，空气湿度很大，衣柜里经常会用到一些盒装干燥剂。这种家用盒装干燥剂通常是粒状的氯化钙。

氯化钙可以形成多种水合物，例如一水合氯化钙、二水合氯化钙、四水合氯化钙和六水合氯化钙。

除了六水合氯化钙以外，无水氯化钙和其他水合物都具有潮解性，而彻底吸水后，白色的固体会溶解为溶液。

固体的无水氯化钙溶解时会释放出大量的热，所以一旦误食会造成口腔和食道烧伤。

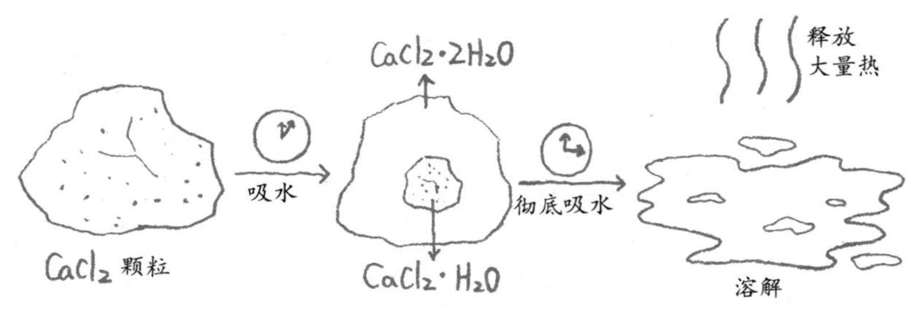

氯化钙吸水干燥的过程

09. 蒙脱石等矿物的吸水原理是什么？

蒙脱石是一种很软的页硅酸盐矿物，晶体结构是由颗粒极细的含水硅铝酸盐形成的层状结构。由于层与层之间没有紧密的化学键，因此水可以在其中介入。

蒙脱石吸水是一个纯粹的物理过程。蒙脱石吸水时，它的体积大大增加。由于这种溶胀性，含有蒙脱石的膨润土可以用作水井的环形密封层。蒙脱石土也可以在动物饲料中用作防结块剂。

治疗急慢性腹泻的常见药物蒙脱石散，其主要成分就是蒙脱石，它可以覆盖在肠壁上，使肠道在短期内免受刺激。

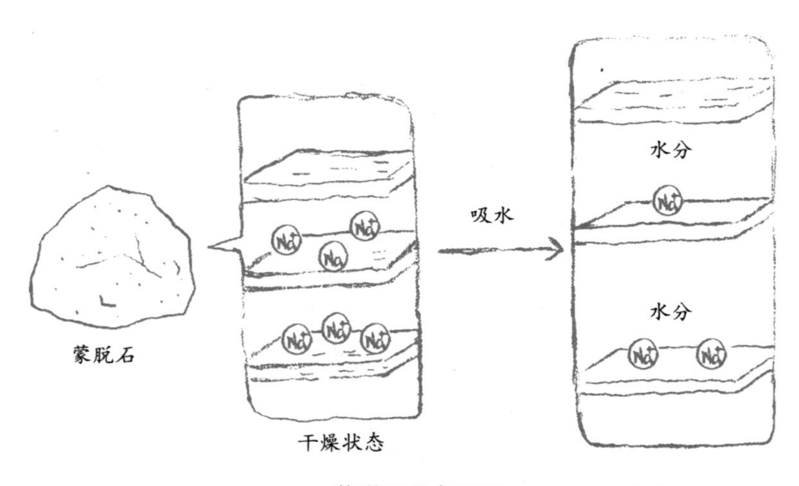

蒙脱石吸水原理

10. 爽身粉为什么这么干爽？

传统爽身粉的主要成分是滑石粉、硼酸、碳酸镁及各种香料等。其中，滑石粉是含水的硅酸镁，其晶体结构呈层状，所以易分裂成鳞片，并具有特殊的润滑性。

近年来，世界卫生组织国际癌症研究机构公布的致癌物清单中提到，含有石棉和石棉纤维的滑石粉有3类致癌物，引起了一些针对滑石粉成分的致癌性讨论。而今，一些以玉米粉为主要材料的新型爽身粉在市面上逐渐成为主流。

11. “84”消毒液为什么叫“84”？

“84”消毒液是一种以次氯酸钠为主要成分的含氯消毒剂，主要借助于次氯酸钠的强氧化性使微生物氧化并最终丧失传染的能力，从而达到消毒的效果。

“84”消毒液的名称来源于其制造年份，它是北京第一传染病医院（现北京地坛医院）于1984年研制出的一种消毒液。最初“84”消毒液是为了杀灭各类肝炎病毒而研制的。

12. 大米也能做干燥剂吗？

网上流传一种说法，手机进水后放入大米中过夜或经过几天，手机中的水可以被大米吸收。

理论上这个方法是可行的，因为大米中的淀粉可以通过氢键与水分子结合。另外，大米的物理吸附也可以吸附部分水分。

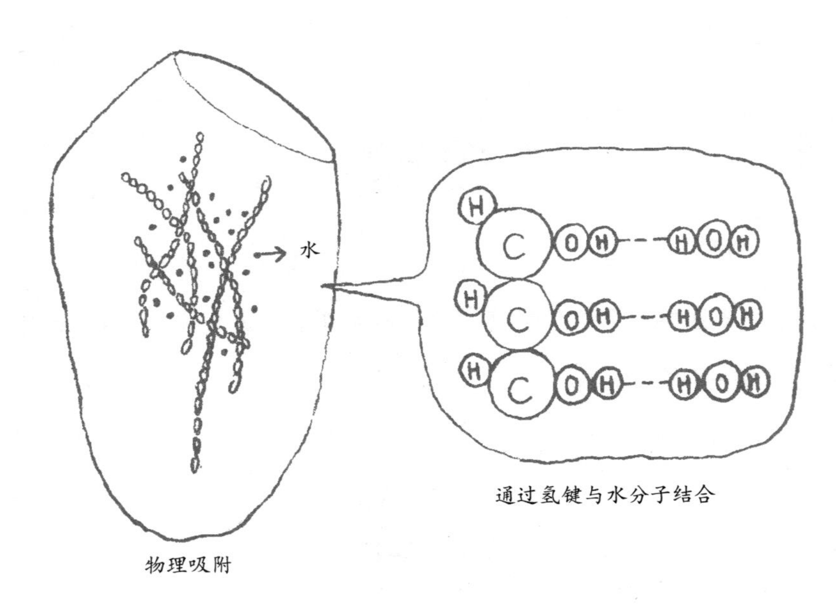

淀粉通过氢键与水分子结合的过程

13. 消毒卡、消毒贴可靠吗？

市售的消毒卡、消毒贴其消毒功效主要是跟内置的可以释放二氧化氯的含氯制剂有关。

二氧化氯是较为常用的灭菌剂，广泛用于自来水处理、造纸的木浆漂白、食品熏蒸消毒等。但二氧化氯并不像消毒卡、消毒贴等产品的宣传词所说的那样“无毒无害”。德国欧科公司（ERCO）给出的安全数据表中表明其具有皮肤和黏膜腐蚀性、吸入的急性毒性等。

虽然低浓度下的二氧化氯无害，但消毒卡、消毒贴若溅水或空气湿度过大时则可能释放出大量二氧化氯，不利于人体健康。

此外，广告宣传称其在身体周围形成“保护空间”是无稽之谈，因为空气流动会急剧改变二氧化氯的浓度。

14. 次氯酸钙为什么不用于游泳池水消毒了？

初中化学课本上曾教过，游泳池消毒使用的是次氯酸钙，俗称漂白粉。

次氯酸钙的主要作用机制是与水反应生成次氯酸，这种成分可杀菌。如今这种做法早已被淘汰了，有两方面的原因：一是次氯酸钙不甚稳定，需要现用现做；二是次氯酸钙溶于水后的副产物是石灰，长期使用会堵塞管道。

15. 游泳池的水如何消毒？

现代的泳池消毒剂一般是三氯异氰尿酸或溴氯海因，其作用机制与传统的次氯酸钙一样，也是生成含氯物质。

三氯异氰尿酸的作用机制是作为氧化剂与水反应，形成氰尿酸和次氯酸，次氯酸是一种杀菌剂。这个反应是个平衡反应，所以活性氯是慢慢释放的，可以长效杀菌。

不过氯系消毒剂的主要问题在于对皮肤和黏膜有一定刺激性和致敏性。非氯系消毒剂，比如臭氧和紫外线也可杀菌，不过使用代价较高。而奥运会泳池等使用的则是造价更高的金属离子杀菌系统，例如铜离子等。

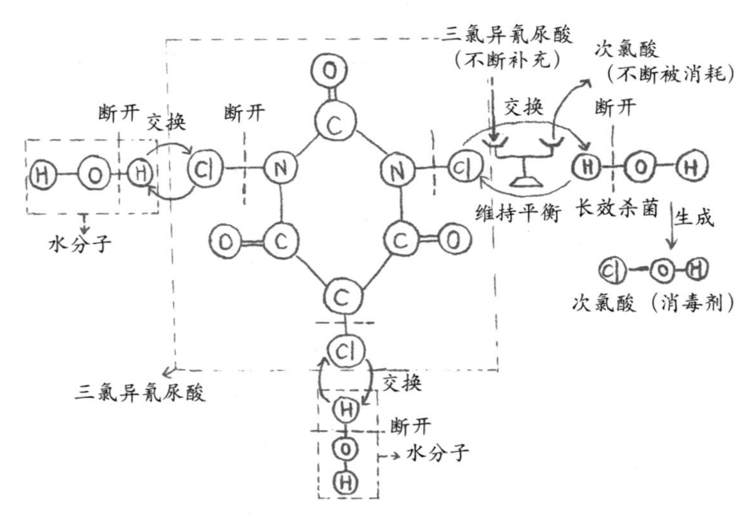

三氯异氰尿酸的消毒作用机制

16. 银离子能消毒吗？

银离子是银带正电荷的阳离子，即Ag^+。

在水溶液中，银离子具有氧化作用，特殊场合下可用于杀菌消毒。一些号称带有纳米银的杀菌织物其实是通过银表面的微量银离子实现的。

由于银属于重金属，可以与蛋白质上的巯基-SH配位结合，使蛋白质变形，因此纳米银和银离子会对神经细胞、脑细胞等造成伤害。不建议长期食用或饮用号称银离子消毒的食品和水。

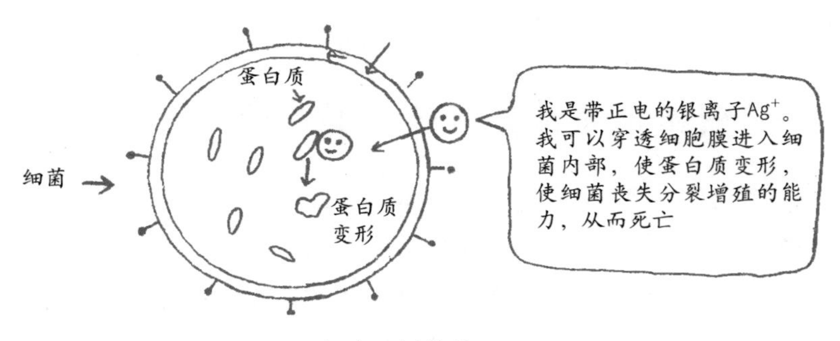

银离子杀菌的原理

17. 食盐水电解制造消毒液靠谱吗？

市面上有一些通过电解食盐水制造次氯酸钠消毒液的机器，基于以下3个方面的原因，不建议购买。

首先，次氯酸钠消毒液的消毒能力与其浓度直接相关，日常家居生活中很难对加入的食盐重量、水量精确控制，一段时间后电极的部分腐蚀也会改变最终产品的浓度，因此产物浓度难以控制。

其次，机器太贵，市售的“84”消毒液一般几块钱就可以买到，而这个电解机器需要几百元，机器也有使用售命，不可能使用几十年都不坏。

最后，电解反应除了产生次氯酸，还会产生氢气，导致家居环境比较危险。

18. 酒精浓度越高消毒效果越好吗？

只有浓度为75%的酒精杀菌消毒才最有效。

在买不到医用消毒酒精的情况下，99.7%浓度的无水乙醇可以稀释到75%浓度后用于消毒。按照配比，约3份99.7%浓度的无水乙醇加1份水，即可得到浓度为75%的消毒用酒精。75%浓度的酒精不可用于皮肤消毒，因为对于皮肤来说它是十分危险的。

19. 消毒洗手液会不会对人体有害？

不同成分的消毒洗手液，其作用原理也不相同。

由于次氯酸钠、过氧乙酸等氧化性过强，会对皮肤造成伤害，因此洗手液中一般不添加强氧化性成分。

消毒洗手液中常用的消毒成分一般含有季铵盐类、酚类等活性物质。季铵盐类是一种表面活性剂成分，可以用于杀灭一般繁殖体和亲脂病毒。

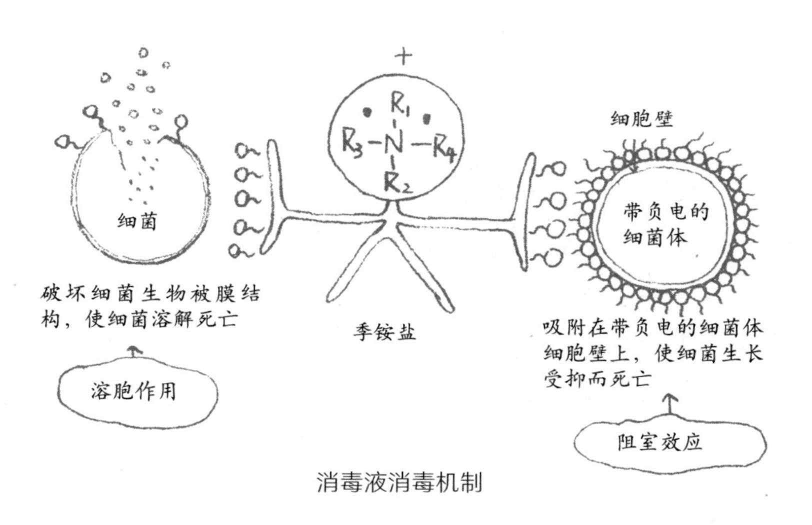

消毒液消毒机制

20. 浓盐水可以杀菌吗？

浓盐水可以杀灭致病细菌，其原理是借用高浓度的食盐形成高渗透压，破坏细菌的膜结构。

需要注意的是，浓盐水只能杀灭部分细菌，但无法杀灭病毒。

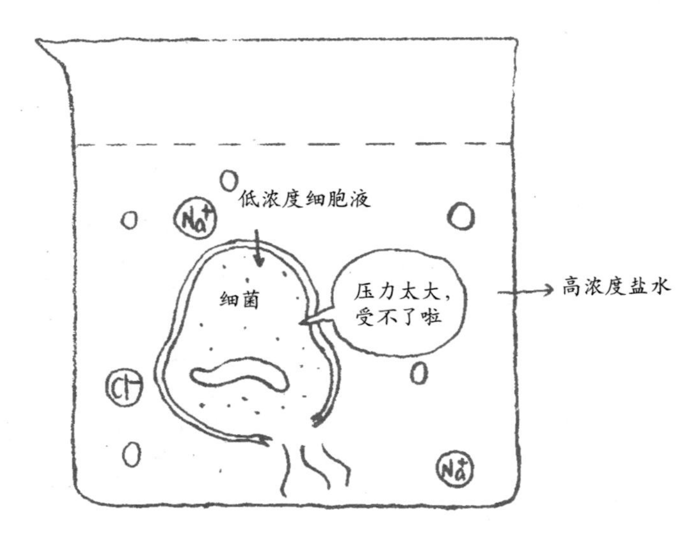

浓盐水杀菌的机制

21. 为什么甘油被称为保湿的主力军？

皮肤为什么要“补水”“保湿”“滋润”“锁水”？

很简单，皮肤的表皮层是死细胞，不补水显得糙，一糙就容易油。

保湿护肤品中最常见的成分就是甘油（丙三醇）或其他高沸点醇（丙二醇、丁二醇等）、尿素、乳酸，它们都很吸水，可以作为保湿的成分。

甘油是一种相当便宜的化工产品，因而被广泛使用。

甘油的保湿原理主要是通过氢键作用与多个水分子结合。甘油的高沸点可保证其不易挥发失效。

甘油保湿机制

22. 为什么聚硅氧烷被称为皮肤的被子？

聚硅氧烷就是俗称的硅油，是最常用的日化产品成膜剂，也常用于药品、食品、建筑等领域。

从作用上说，聚硅氧烷和其他的成膜剂，例如某某油（绵羊油、山羊油、橄榄油、椰子油）、某某脂（可可脂、羊毛脂）、某某酯或者角鲨烷、神经酰胺、磷脂等，都是通过形成一层膜，阻止水分蒸发，从而达到保湿的目的。

洗发露、护发素中常含有硅油，使用后可以让头发更顺滑，这同样是通过成膜达到的。市场上一些洗发水声称无硅油，其实是纯粹的噱头，因为硅油并不会对头皮产生刺激。

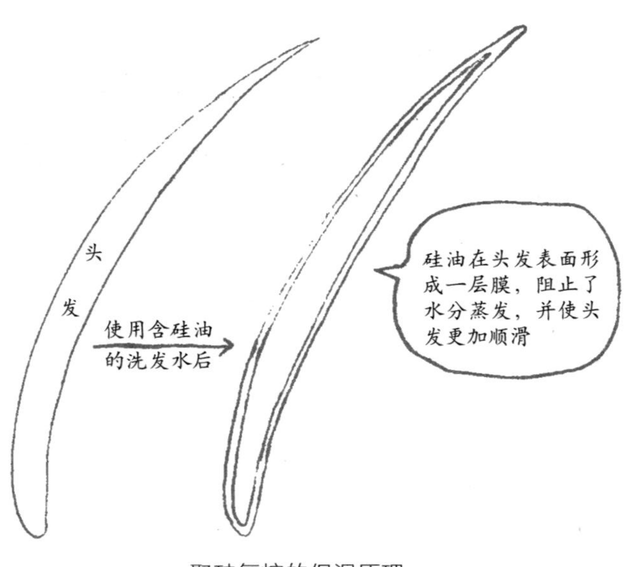

聚硅氧烷的保湿原理

23. 护肤品中的角鲨烷和角鲨烯是什么东西？

角鲨烷是含有30个碳原子的饱和烷烃，类似于汽油和柴油等燃料；而角鲨烯是带有碳碳双键的烃类，可以被完全氢化成角鲨烷。

因为角鲨烷不容易被氧化且非常稳定，所以在护肤品行业被当作滋润和保湿的油脂使用。

和大多数油脂一样，角鲨烷和角鲨烯并不能通过皮肤进入人体的内环境，只能作为表皮外的保护剂，所以商家宣传的“修复细胞”“延缓衰老”属于虚假宣传。

24. 护肤品中的维生素A有什么功效？

维生素A，又称视黄醇、A醇等，它只存在于动物体中，在人体内A醇会被代谢成A酸，即维甲酸。

20世纪80年代，基于老鼠的动物模型和临床研究发现，A酸可用于治疗光老化，促进真皮胶原蛋白合成。但A酸对皮肤刺激强烈，会导致皮肤产生灼热感和皮炎。而广泛运用于护肤品的是较为温和的A醇，可以提高皮肤新陈代谢速度。有研究称，A醇可以在皮肤表面缓慢氧化为A酸，所以对某些人来说也会带来红斑和刺激的问题。

25. 护肤品中的B族维生素有什么功效？

烟酰胺是B族维生素的衍生物，医学上主要用于治疗维生素缺乏导致的糙皮病、痤疮等，目前可用于非处方药，因此相对安全。

但是，高浓度的烟酰胺或长期使用烟酰胺产品对皮肤正常生理功能并没有好处，有些人可能因此变为敏感皮肤。

另外，如果品控不佳，烟酰胺原料中可能会含有烟酸，因为工业制备烟酰胺的原料是烟酸。烟酸在相对较低的剂量（50毫克～500毫克）下也会引起副作用，例如潮红（发红、发痒或刺痛）、瘙痒和皮疹。

26. 护肤品中的维生素E有什么功效？

维生素E其实是8种物质的统称，包括4种生育酚和4种生育三烯酚。

1922年的一项动物实验发现，老鼠的受精卵发育成熟需要维生素E的参与，因此维生素E被称为生育酚。

一些护肤品号称借助维生素E可以愈创和祛疤，但统计研究已经证明维生素E没这个作用。

学术界普遍认可的假说是，维生素E可以当作牺牲剂和抗氧化剂保护细胞膜。这一表述仅仅是科学意义上的，也就是说，把维生素E和自由基混合在一起，自由基可以被消耗。但将其用在皮肤表面则是另一回事，需要同时考虑皮肤通透性、湿度、油脂量（维生素E是油溶性的）和皮肤厚度等因素。

27. 物理防晒霜的防晒机制是什么？

所谓物理防晒霜，是利用纳米级的氧化钛和氧化锌等半导体材料吸收紫外线达到防晒的目的。

一方面，吸收紫外线之后，氧化锌和氧化钛本身不会发生显著变化，但化学防晒霜在接触到紫外线之后可能经历光降解和氧化等过程，成分变得复杂。从这个层面的原理上讲，物理防晒霜的成分相对更安全。

另一方面，半导体材料吸收紫外线之后会发生光催化反应，可产生活性自由基，因此物理防晒霜产品中常常需要加入一些消耗自由基的物质。

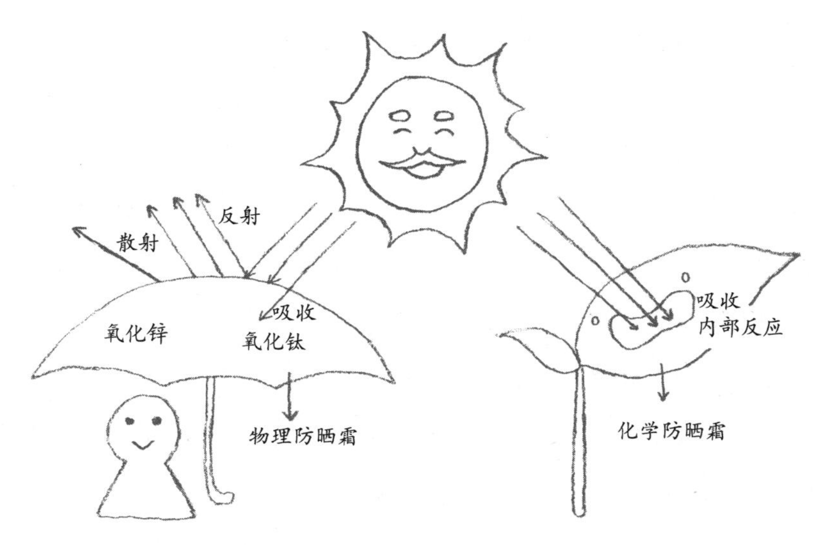

化学防晒霜和物理防晒霜防晒机制的区别

28. 化学防晒霜的防晒机制是什么？

常用的化学防晒霜是通过加入具有一定分子结构的物质，例如甲氧基肉桂酸乙基己酯、奥克立林等，可以吸收紫外线波段达到防晒作用。

目前还没有较大样本的安全性研究，很多实验都是在大鼠和小鼠皮肤上高浓度特殊条件下进行，结果并不成熟。

目前各国监管机构都没有确认某些成分长期使用的风险，但各国对于这些成分在防晒产品中的添加未持禁止的态度。

近年来研究发现，化学防晒霜成分对海洋中的珊瑚毒性很大。

29. 沐浴露和洗发水可以互相替代吗？

虽然沐浴露和洗发水都可以洗去油脂，但由于沐浴露和洗发水的成分有区别（主要差别在于其中成膜剂的成分），因此一般来说二者不可互相替代。除非是市面上注明可以互相替代的产品，否则最好不要将沐浴露当成洗发水或者将洗发水当成沐浴露来使用。

考虑头发的毛鳞片结构，洗发水中的成膜剂一般要求成膜性更好，所以如果将洗发水当成沐浴露使用，它的成膜剂会残留于皮肤表面，使人觉得太滑，好像没洗干净一样。

30. 洗衣粉为什么要选用无磷的？

含磷洗衣粉主要以磷酸盐为助剂，一些地区使用含磷洗衣粉是因为水质太硬，水中的钙离子和镁离子会破坏洗衣粉中的胶束结构，降低洗衣效果。

而磷酸根可以与这些金属离子结合形成不溶于水的磷酸盐，保证胶束的正常形成。由于生活污水排放后，太高的磷含量会导致水体富营养化，滋生大量水藻和水草，破坏水环境，使鱼虾大批死亡。因此无磷洗衣粉应运而生，主要借助其中沸石的吸附和离子交换性能，从而去除钙离子和镁离子。

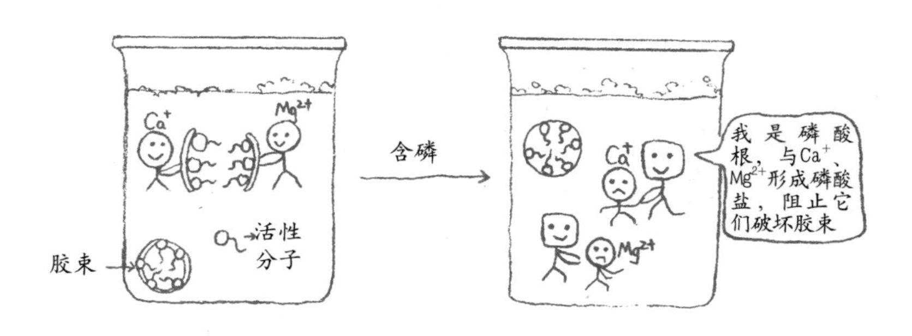

洗衣粉中的磷和胶束的关系

31. 肥皂可以用来洗头吗？

动物油脂和烧碱（氢氧化钠）反应生成脂肪酸钠和甘油，这一反应称为皂化反应。脂肪酸钠就是老式肥皂的组分。

用肥皂洗头后，由于残留的碱和脂肪酸钠强效的去油能力，头发中的油脂大量流失，头发因此变得非常干燥。

而洗发水除了去油成分，通常还会加入其他油和成膜的成分。

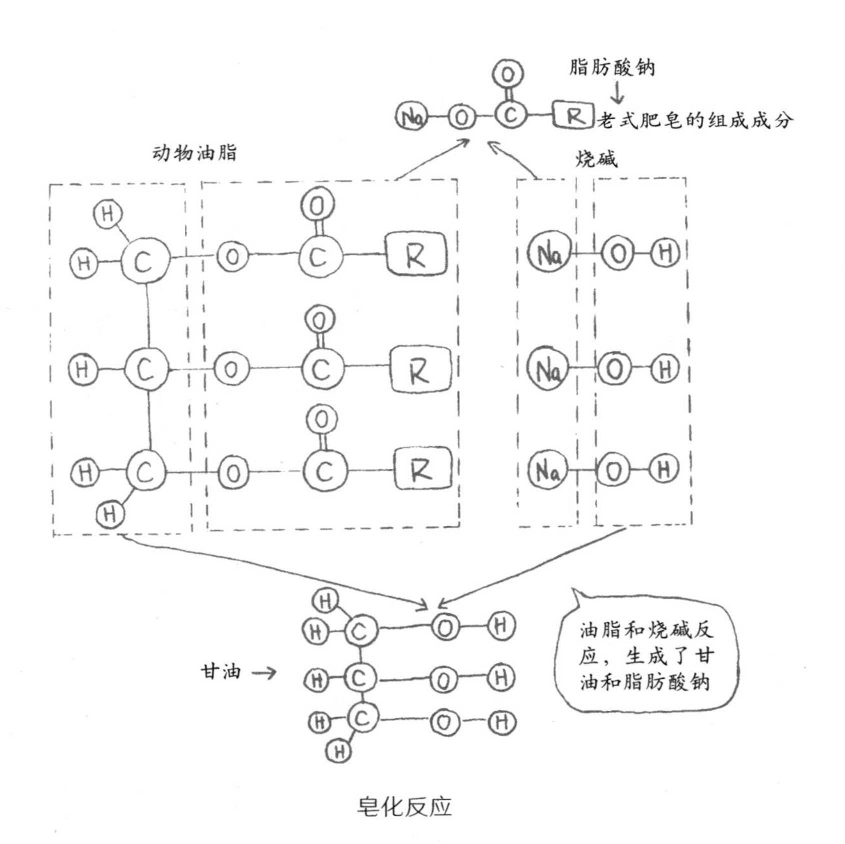

皂化反应

32. 氨基酸洗面奶真的比较温和吗？

常见洗涤用品里的表面活性剂主要有几大类：皂基、硫酸酯类和氨基酸类。

这些表面活性剂的亲油端都有一个长长的亲油链，由一大串碳原子组成，比如16个碳、18个碳等。而主要区别在亲水端：皂基的亲水端是–COOH的盐；硫酸酯类的亲水端是–SO3H的盐；氨基酸类表面活性剂则是–CH（NH_2）–COOH的盐，其实就是皂基表面活性剂的亲油碳链和阳离子之间的那个–COOH变成了一个氨基酸的残基团。

氨基酸洗面奶里不是真的有氨基酸，而是因为其中的氨基可以被部分质子化，所以一般分子整体偏弱酸性，对皮肤温和，不刺激。

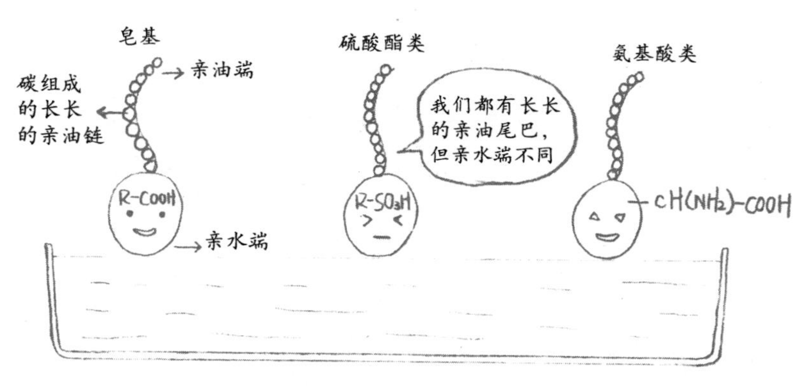

各种洗涤用品的表面活性剂的区别

33. 选择含氟牙膏还是不含氟牙膏？

作为人体矿化程度最高的组织，牙齿主要是由一种叫羟基磷灰石的矿物质组成，其含量约占96%，剩下的4%由水和有机物组成。

在正常的生理条件下，牙齿达到溶解平衡时，溶解速度和生成速度相等。正常的碱性唾液环境，是牙齿的平衡状态。

因此，牙膏需要选择含氟的，因为OH^-离子（羟基磷灰石中的羟基）可以被F离子（含氟牙膏中的氟化物）取代，形成更坚硬的氟磷灰石$Ca_5(PO_4)_3F$，这种成分可以保护牙齿。

34. 选择无氟冰箱还是含氟冰箱？

早期的冰箱使用氟氯烃（例如氟利昂）作为制冷剂。

1973年，美国加州大学欧文分校的化学家开始研究氟氯烃在地球大气层中的影响。他们发现氟氯烃分子足够稳定，可以保留在大气层中，直到它们进入平流层，最后被紫外线辐射分解释放游离的氯原子。他们随后发现，这些氯原子可能会导致大量臭氧的分解。

氟氯烃消耗臭氧层会导致紫外线UV–B辐射增加，可能诱发皮肤癌，使农作物和海洋浮游植物受损。

选择无氟冰箱是为了保护地球，同时保护人类自己的生存环境。

35. 薄荷味的牙膏为什么尝起来辣辣的？

牙膏中的薄荷味道主要是由薄荷醇提供的。

与辣椒中的辣椒素类似，薄荷醇也可以与人体的感受细胞结合，它会活化冷及薄荷醇感受器（TRPM8），并允许钠离子、钾离子、铯离子和钙离子进入细胞内，导致细胞产生一个电位，使人体产生凉凉的感觉。而这种电位与人体复杂的神经系统相互作用，也会给人带来辣的错觉。

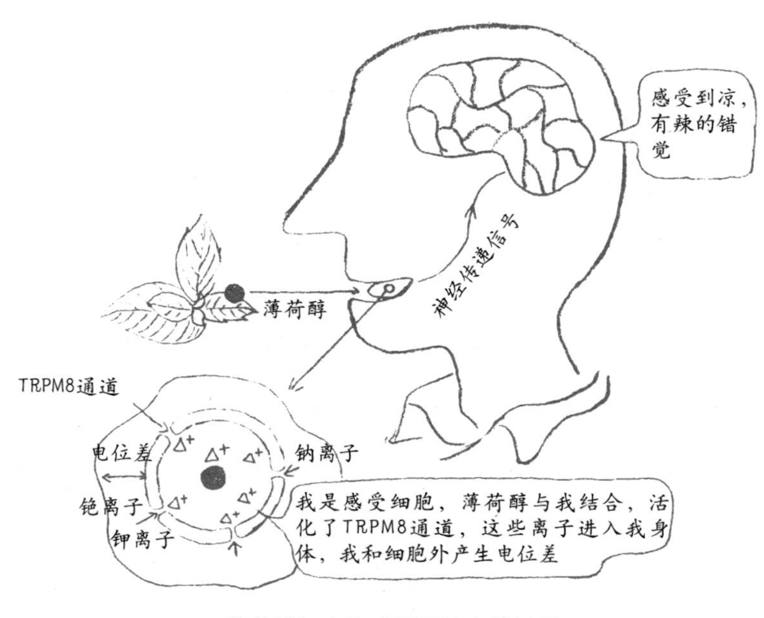

薄荷醇与人体感受器结合的过程

36. 洗洁精伤手吗？

洗洁精伤手的主要原因是在洗碗时把皮肤上的表面油脂也洗掉了，手无法靠自身保住水分，因此皮肤会加速老化，并且干燥起皮。

只要在洗碗、洗碟子之后，将护手霜涂抹于手部就可以保护手部皮肤。

市面上一些“不伤手”的洗洁精，是采用较为温和的表面活性剂，可以减少对皮肤的刺激，但同样需要在洗完之后对皮肤做保湿护理。

37. 小苏打为什么也可以用来洗碗？

小苏打是碳酸氢钠的俗名，呈白色细粉末状，烤面包时经常用到。除了用于烘焙，小苏打还可以用来嫩肉、洗碗、洗水果、发面、做苏打水、做泡腾片、灭火等。小苏打的诸多应用，其实都要归因于它的本质——碱性碳酸氢盐。

碱性条件下，油脂也可发生部分水解，形成可溶于水的甘油和脂肪酸盐等，所以小苏打可用来洗碗和水果等。

此外，小苏打还具有弱的消毒性能，可以杀菌，抵抗某些微生物。

38. 洗涤剂起泡泡越多洗涤能力就越强吗？

以去油污而言，确实是洗涤剂起泡越多洗涤能力越强。

皂基和硫酸酯类表面活性剂的特点就是起泡强、去污能力强、抓油能力强。这是由其微观结构决定的。

起泡能力强意味着在水和空气的交界处界面张力较小，也意味着在水、油交界处界面张力较小，更利于将油拉入水中。

39. 用肥皂水吹的泡泡为什么不如用泡泡液吹的泡泡大？

能不能吹出又大又结实的泡泡取决于表面张力。在以水为分散剂的泡泡液中，表面张力越小，泡泡就会越大。

泡泡液除了表面活性剂以外，通常还会加入甘油、聚乙二醇等物质，以进一步降低表面张力。

在家里制作泡泡水时，选用洗洁精比使用洗衣粉或肥皂效果更好。另外，加入一些以聚乙二醇为主要成分的胶水，还可以使泡泡更为结实。

40. 洗发水要选无硅油的吗？

头发是由死细胞组成的，没有生理活性，因此不能吸收任何物质，不过可以吸附。在微观结构上，可以把头发想象成一把鸡毛掸子，毛鳞片就是鸡毛，插在一根杆子上。如果太干燥，或者洗头的时候把油脂洗得很彻底，那么头发洗完晾干后就会比较粗糙、容易“炸开”。

硅油可以凭借出色的浸润性和疏水性贴合、抚平毛鳞片，达到良好的抚平效果，广泛用于各种洗发水和护发素。在某些营销文案中，对硅油的指控主要包括“填塞扩大的毛鳞片间隙，使毛鳞片更易受损”“堵塞毛孔，造成粉刺和痤疮”，但这两点都没有任何科学依据。

如果你使用无硅油洗发水，然后再使用护发素，那等于多此一举，不如直接用普通的含硅油洗发水。

41. 烫发药水为什么能改变头发形状呢？

头发的最外层由5～12层富含角蛋白的死细胞构成，这些细胞由于其层状结构而被称为毛鳞片。角蛋白正是烫发时被烫发药水攻击的对象。角蛋白由于含有半胱氨酸，其中的巯基可以两两结合形成二硫键，这也正是角蛋白非常坚固的原因。

在烫发时，烫发药水中的巯基乙酸会将二硫键打开，同时其中的氨也会将头发部分水解，达到软化的目的。高温处理后，角蛋白重新定型，头发的整体形状就变了。

42. 电池为什么会放电？

电池是一个将化学能转化为电能的装置。

当电池供电时，其正极端为阴极，其负极端为阳极。负极端是电子源，电子通过外部电路流向正极端。

当电池连接到外部负载时，氧化还原反应将高能反应物转化为低能产物，自由能差作为电能传递到外部电路。

从最早的伏打电池到铅酸电池、镍锌电池，再到现在手机中的锂离子电池，人们为了不断提高能量密度和电池容量一直在努力探索，这一研究成为能源领域和材料领域研究的热门前沿。

43. 电池很久不用为什么会漏液？

一般家用的五号电池、七号电池等属于普通干电池，学名叫锌锰干电池。

电池的外皮是金属锌，碳棒在中央，中间有氧化锰、氯化铵和淀粉的水溶液，有一些电池可能还有氢氧化钠成分作为电解液。

如果电池很久不用，就会有漏液，漏液就是上面说的这些水溶液。

44. 为什么要回收旧手机？

手机里含有多种贵金属，如黄金、白银、钯等。35～40部手机里，约含有1克黄金，因此手机会被回收。但目前一个显著的问题是，旧手机提炼贵金属的成本较高。

45. 旧灯管属于可回收垃圾吗？

日光灯灯管内充的是汞蒸气，汞蒸气有毒，因此废旧日光灯灯管属于有害垃圾，不属于可回收垃圾。

日光灯灯管打破后要立刻将汞球扫进小玻璃容器，用水密封，同时房间内保证长时间通风。

46. 日光灯发出的光可以满足植物生长吗？

日光灯灯管内充的是汞蒸气，通电时会发出紫外线，随之被涂在灯管内壁的荧光粉吸收，从而发出可见光。

所谓可见光，指的是人类肉眼能够看到的电磁波，其波长为400纳米～760纳米。但其光谱和太阳光谱相比，缺少了紫外线部分和红外线部分，考虑到这一点，一些厂家专门研发了满足植物生长的特殊灯光。

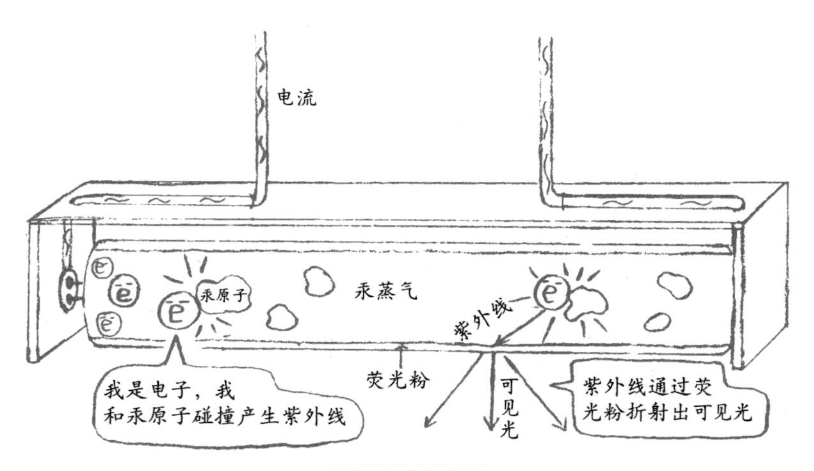

日光灯发光原理

47. 手机的电池为什么不能撞击？

现在手机中的电池是锂离子电池。锂离子电池的能量密度高，内部使用有机的易燃电解质体系，在发生误用或撞击时，容易引发热失控等事故。

对于单电池来讲，其安全性除了与正负极材料有关，与隔膜以及电解液也有很大关系。

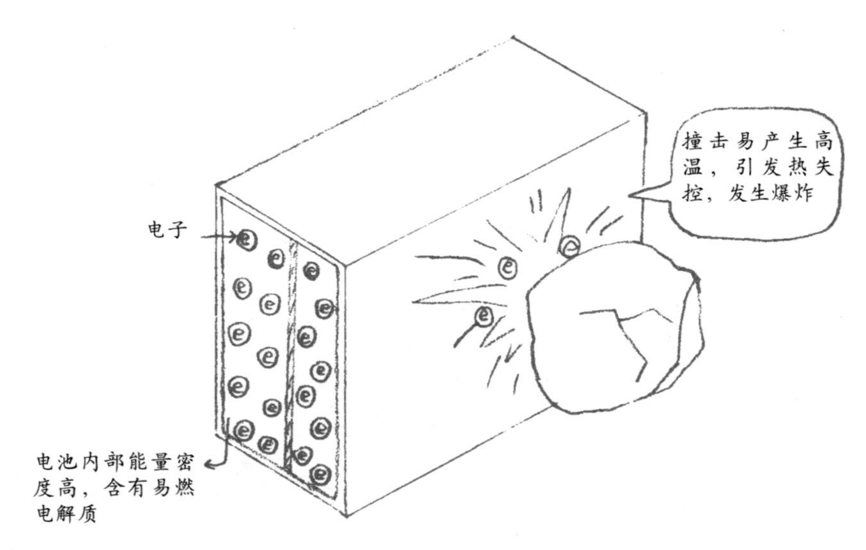

锂离子电池不能撞击的原理

48. 清理堵塞的下水道的清洗剂是什么？

清理下水道用的化学清洗剂主要成分是氢氧化钠，溶解于水时呈强碱性。

氢氧化钠通常以干燥晶体或稠状液体凝胶的形式存在，可用于疏通堵塞的排水管。氢氧化钠可以溶解油脂，产生水溶性产物，还会水解头发中的蛋白质。

当氢氧化钠和清洁剂的其他化学成分溶于水时，产生的热量会加速这些反应。此类产品有强烈的腐蚀性，使用时必须做好防护措施。

49. 铁锈为什么要尽早除去？

铁锈是一种红色的铁的氧化物，由铁和氧气在水中或潮湿空气存在的情况下反应形成。

铁生锈本质上是一个氧化还原反应。给定足够的时间，在水和氧气存在的情况下，任何铁块最终都可能完全转化为一块锈铁。

铁锈一般疏松多孔，会增大水汽、氧气和铁的接触面积，一般形成铁锈后，生锈过程会变得更快。及时除锈并涂上防锈的涂层有利于保护铁。

50. 被昆虫叮咬后抹肥皂水为什么能很快止痒？

包括蚂蚁在内的很多昆虫在叮咬人体时通常会向皮下注射蚁酸，蚁酸的化学学名为甲酸，最早就是在蒸馏蚂蚁时发现的。蚁酸会刺激人体出现炎症反应，释放组胺，所以使人感到瘙痒。

由于肥皂水中所含的脂肪酸盐呈弱碱性，可以中和蚁酸，帮助减少炎症反应，达到止痒的效果。

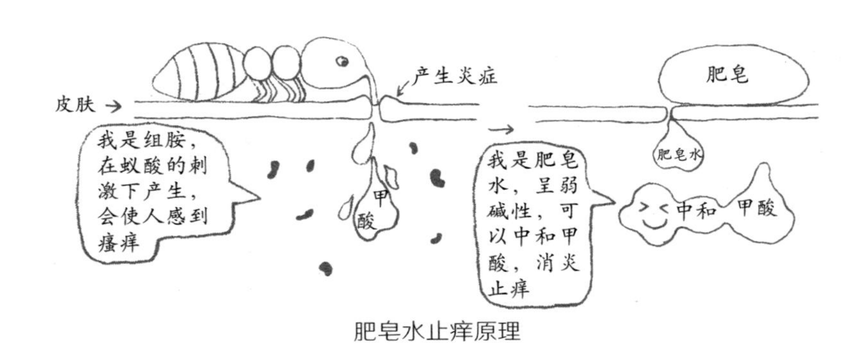

肥皂水止痒原理

51. 不粘锅为什么能不粘食物？

大部分不粘锅是用聚四氟乙烯作为隔离层。

聚四氟乙烯又称特氟龙，是美国杜邦公司的科学家偶然间发现的。这种物质的热稳定性、抗腐蚀性都比较好，温度对其影响变化不大，可使用温度为－190℃～260℃。聚四氟乙烯是一种表面能非常小的固体材料，不会黏附任何物质。

聚四氟乙烯在常态下是无毒的，但不粘锅在温度达到260℃之后便开始变质，并且在350℃以上开始分解。

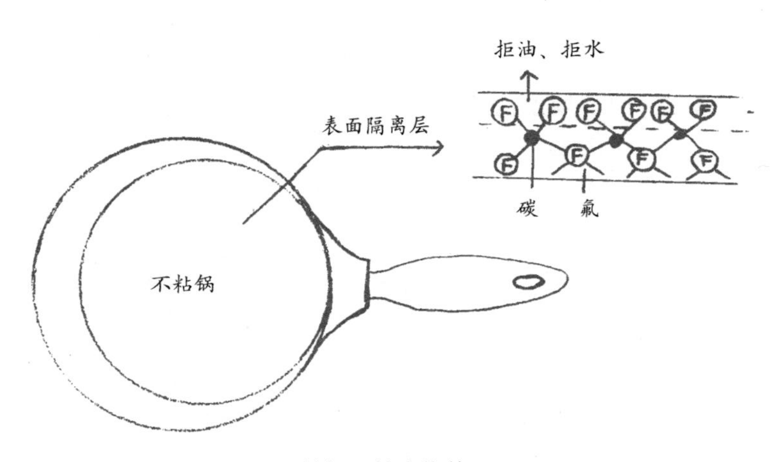

不粘锅不粘食物的原理

52. 塑料尺子和橡皮放一起为什么会融化？

以聚乙烯基的白色橡皮为例，其主要成分和塑料袋、保鲜膜的差别是分子量大小不一样。

一般来说，分子量越大，就越接近固体，也越坚硬。此外，分子链的交联程度也会影响其硬度。

橡皮中聚乙烯的平均分子量较小，如果在夏天的太阳下暴晒橡皮，橡皮很容易就被晒化了。事实上，橡皮并没有真的融化，而是形成了黏流态，这是分子与分子之间相互作用力较小的一种黏稠状态。可以认为此时的橡皮并不是固体，而是流体，就像沥青一样。

由于相似相溶的原理，橡皮不仅可以溶解尺子和其他塑料制品，还可以溶解其他橡皮和铅笔外面的油漆。

此外，聚氯乙烯基的橡皮中还会添加一些增塑剂、挥发性的香味物质等，这些一般都是油溶性的，可以溶解塑料和橡胶制品。

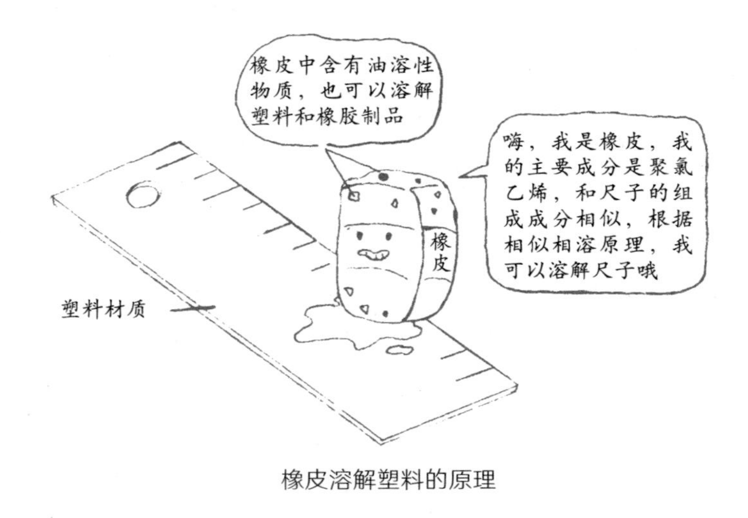

橡皮溶解塑料的原理

53. 橡皮泥有毒吗？

橡皮泥的成分是：65%的填充剂（主要是石膏）、10%的凡士林、5%的石灰、10%的羊毛脂和10%的硬脂酸。

因此只要不吃进去，它是没什么毒性的。

早期的橡皮泥会有渗油的问题，这是因为其中含有油脂。近些年流行的彩泥、超轻黏土等有所改变，主要是因为使用了亲水的高分子材料，例如聚醋酸乙烯等。

第三章

原来吃也跟化学有关啊

01. 什么样的油算健康的油？

脂肪在化学物质分类中属于酯类。高中化学会讲到酯类的合成符合“酸脱羟基醇脱氢”规律，而脂肪的酸叫脂肪酸，脂肪的醇不叫脂肪醇，叫甘油。1个甘油分子最多能和3个脂肪酸分子结合。

脂肪酸分饱和脂肪酸和不饱和脂肪酸。饱和脂肪酸摄入量影响血液中的胆固醇水平，而血液中的胆固醇水平和心血管疾病之间是正相关关系。

目前主流科学界建议减少饱和脂肪酸的摄入量，以促进健康并降低心血管疾病的风险。棕榈仁油是100%的饱和脂肪酸，大豆油中饱和脂肪酸含量较少，其他植物油中的饱和脂肪酸含量也可以查到。

02. 黄油为什么有奶香味？

欧洲人爱吃黄油，烤面包抹黄油这个习俗有四五百年了（或许更早）。

黄油在中国台湾地区被称作奶油，在中国香港叫牛油，是新鲜或者发酵的鲜奶油或牛奶通过搅拌提炼而成的奶制品，其实就是牛奶中的脂肪掺了一些蛋白质。工业生产的黄油大约含有80%的乳脂和15%的水。

由于黄油中的脂肪大部分为饱和脂肪酸，含有胆固醇，因此被认为是造成健康问题（尤其是心血管疾病）的食品之一。

03. 动物油脂为什么通常呈固态？

油脂的饱和与不饱和说的是脂肪酸部分的分子结构。

饱和脂肪酸没有双键，不饱和脂肪酸有一个或者多个双键。是否有双键决定了脂肪的熔点。饱和脂肪酸在一般室温下呈固态，不饱和脂肪酸在一般室温下呈液态。动物油脂中饱和脂肪酸一般较多，所以呈固态。植物油，例如花生油、大豆油、菜籽油含有的不饱和脂肪酸更多，所以呈液态。

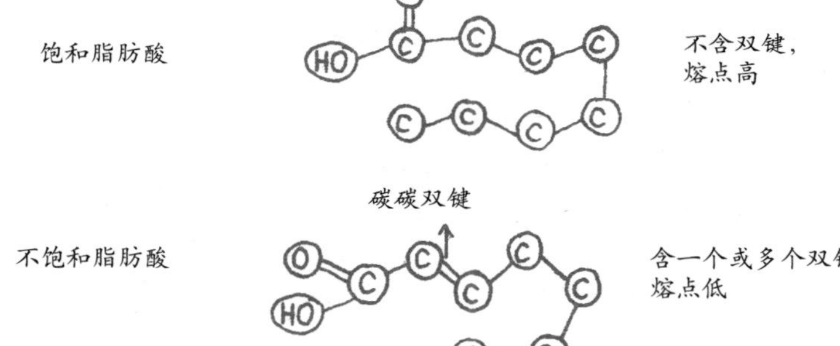

饱和脂肪酸和不饱和脂肪酸的结构

04. 存放食用油为什么最好用玻璃和陶瓷器皿？

塑料中的一些增塑剂、引发剂和它们分解的成分等都属于油溶性的有机物。

根据相似相溶的原理，食用油可以溶解这些物质，被人体摄入后对健康不利。所以家庭中存放食用油最好选择玻璃或陶瓷器皿。

05. 为什么高血压病人需要吃低钠盐？

血液中高钠水平的人可能有患高血压和其他心血管疾病的风险。为了保证健康，应降低钠的摄入量，可以食用低钠盐。低钠盐一般是氯化钠和氯化钾的混合物。

由于某些药物和疾病会减少人体对钾的排泄，从而增加潜在的致命性高钾血症的风险，所以肾功能衰竭者、心脏衰竭者或糖尿病患者不可以自行购买低钠盐食用。

06. 选择碘盐还是无碘盐？

碘盐是在盐中混有微量碘化合物的食用盐。

碘缺乏症在全球范围内影响着约20亿人，是智力问题和发育障碍的主要原因，还会导致甲状腺问题，包括“地方性甲状腺肿”。

在许多国家，碘缺乏症是一个重要的公共卫生问题，可以通过在氯化钠盐中添加少量碘来解决。

作为一种微量元素，碘在沿海地区的食物供应中天然存在。但由于地壳中碘含量较少，且蔬菜不容易吸收碘元素，因此内陆城市，尤其是日常饮食中海产品较少的人群更有必要补充碘。

07. 喜马拉雅粉盐更健康吗？

喜马拉雅粉盐是从中亚旁遮普邦地区开采的岩盐。由于含有氧化铁等矿物质杂质，该盐通常拥有粉红色的色调。

实际上，未经过纯化的粉盐不应该用于食品工业。而用作调味品的粉盐售价很高的原因在于被过度营销和宣传。

08. 头发也可以用来酿造酱油吗？

酿造酱油需要借助蛋白质，蛋白质在酿造过程中水解成氨基酸或者氨基酸盐等风味物质。因此不论是植物蛋白还是动物蛋白，只要是蛋白质，原则上都可以用来酿制酱油。

头发富含蛋白质，理论上完全水解头发得到的氨基酸溶液是可以吃的。

虽然头发可以用来酿造酱油，但是不建议使用这一材料，因为原材料来源、染发、重金属以及工业用盐酸的纯度问题等，食用头发酿造的酱油是有风险的。

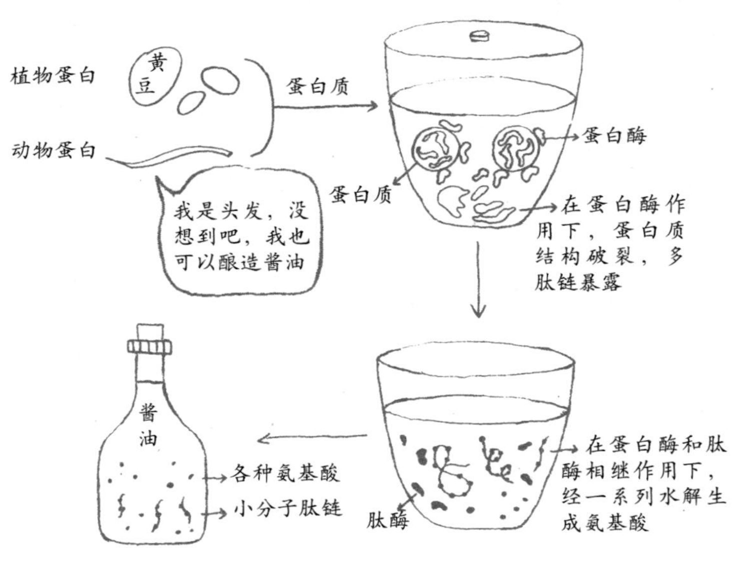

酱油的酿造过程中蛋白质的变化

09. 醋是碱性食物吗？

酸性体质、碱性体质这些概念是伪科学，那么酸性食物、碱性食物呢？

有种说法是，能让人体代谢产生更多酸性物质的食物是酸性食物，例如肉类，反之则是碱性食物。

这种说法没有任何科学根据，没有营养学上的意义，在化学上也经不起推敲。酸性食物、碱性食物这种说法应该被淘汰。所以，醋是不是碱性食物，这个问题本身就不成立。

10. 味精能多吃吗？

味精的主要成分是谷氨酸钠，谷氨酸钠其实就是一种叫谷氨酸的氨基酸的钠盐。由于味精含钠，因此和食盐一样，吃多了会引起高血压。

美国食品药品监督管理局（FDA）将其归于“公认安全”（GRAS）一类，欧盟则视其为食品添加剂。

谷氨酸盐的毒性极低。以老鼠为例，每千克体重摄入15克～18克谷氨酸盐才有可能中毒身亡。

由于人对鲜味比咸味更敏感，可以使用味精替代部分食盐，有效降低钠的摄入量。

11. 料酒为什么可以去腥？

料酒中的酒精（乙醇）可以和产生腥味的醛类、酮类分子反应，生成挥发性物质，在热的帮助下挥发掉，从而达到去腥目的。

此外，酒精的挥发作用本身也可以帮助有机物分子的挥发，例如香水、风油精等都是借助酒精挥发，使芳香的其他高沸点物质挥发到空气中。

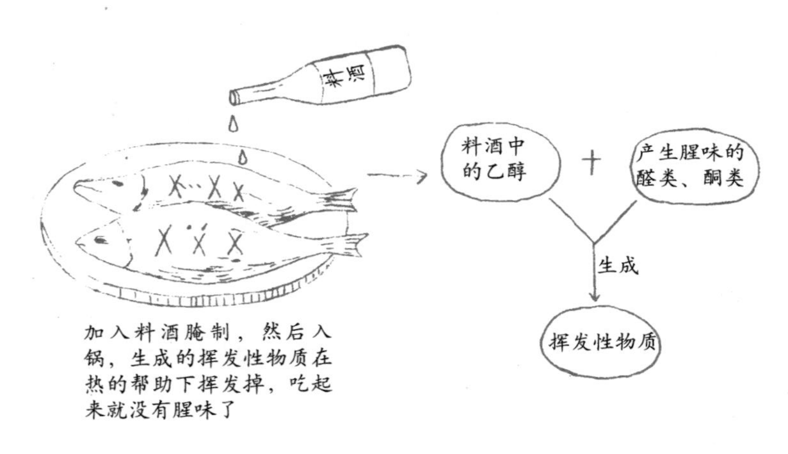

料酒去腥的原理

12. 吃味精为什么容易口渴？

吃味精易口渴的主要原因是谷氨酸盐在水中的溶解度比氯化钠小，所以口腔中会有更高的钠离子浓度。吃味精口渴，其实和吃盐太多口渴是一样的道理。还有的人认为吃味精会导致头疼、麻木和恶心，而这是几十年前的一项误解导致的。

作为一种常见的氨基酸，谷氨酸其实在自然界中广泛存在，例如干蘑菇、水果和番茄等蔬菜中都含有谷氨酸。

13. 糖精不是糖，为什么是甜的？

市售的糖精在化学上的学名是邻苯甲酰磺酰亚胺钠，其实就是一种钠盐。它是一种人工甜味剂，甜度是蔗糖的300～400倍。糖精完全不含食物热量，没有任何营养，摄入后也不能被人体吸收。

虽然这种物质不属于糖类，但由于它可以像糖类那样与舌头上的甜味感受细胞（G蛋白偶联受体T1R2/T1R3）结合，给出同样的神经信号，所以也会让人感受到甜味。

14. 代糖更有利于健康吗？

代糖是一种被广泛使用的食品添加剂，其含有的食物能量比糖类更少，因此被称为低卡或零热量的甜味剂。

欧洲食品安全局和美国食品药品监督管理局（FDA）对代糖有不同的定义和分类方式。市面上常见的代糖有阿斯巴甜、三氯蔗糖、糖醇、乙酰磺胺酸钾等。

截至2018年，并没有有力的证据表明代糖不安全。但近期有研究表明，一些甜味剂同样会令身体分泌胰岛素，身体可能会出现胰岛素耐受，增大2型糖尿病的风险。需要指出的是，相反结果的研究同样有所报道。学界对长期摄入代糖是否必然引起2型糖尿病没有定论，但确实存在风险。

15. 蜂蜜为什么不容易变质？

蜂蜜是糖和碳水化合物的混合物，其中的糖主要包括果糖（约38%）、葡萄糖（约32%）、麦芽糖和蔗糖。

每100克蜂蜜中约含有82.4克的糖类和17.1克的水，其他物质占比约为0.5克，因此蜂蜜并不像很多商家宣称的那样拥有保健作用，只是含糖量高好喝而已。也正因为糖类含量高，微生物难以繁殖，所以蜂蜜不容易腐败变质。

16. 婴儿为什么不能吃蜂蜜？

蜂蜜有可能被肉毒杆菌芽孢污染。肉毒杆菌的芽孢在土壤和水中很常见，它们在缺氧的环境中就会产生肉毒杆菌毒素。

这种毒素对成人来说是无害的，但对婴儿来说可能有致命危险，因为婴儿的免疫机制没有发育完全。如果婴儿吃了被肉毒杆菌芽孢所污染的蜂蜜，肉毒杆菌会在婴儿的肠道内繁殖并释放出肉毒杆菌毒素，造成婴儿瘫痪甚至危害生命。因此，1岁以内的婴儿需避免食用蜂蜜。

17. 做红烧肉时为什么要加糖？

在植物油中热炒之后，糖在170℃以上发生焦糖化反应形成焦糖，可以给红烧肉上色，俗称炒糖色或酱色，让红烧肉颜色鲜亮，使人胃口大开。

此外，焦糖也作为增色剂，被广泛用在其他食品中，例如可乐、面包、冰激凌、布丁等。

18. 不同品牌的白酒为什么味道各异？

既然同为白酒，都是酒精溶液，为何味道各异?

除了乙醇和水，白酒中还有成百上千种风味物质，如醇、醛、酸、酯、内酯、酮、缩醛、硫化物、吡嗪、呋喃、芳香类化合物等。由于菌种、酿制方法、储存条件、原料不同，白酒中的风味物质种类和含量自然也不同。

19. 啤酒的历史超过5000年了吗？

研究者通过化学手段在伊朗西部的戈丁山（Godin Tepe）发掘出的陶器内发现了一种典型的有机残留物：啤酒石（beer stone）。啤酒石的化学成分主要是草酸钙和其他不溶性沉淀物，在啤酒酿制器皿、储存器皿和现代酿制工业的管道内都会出现。麦芽汁和啤酒中的有机化合物（主要是蛋白质和多肽）与酿造水中的钙结合形成沉淀。微生物可以在这种沉淀物中生存和繁殖，将其转化成草酸钙。

这些陶器出土于苏美尔早期的城邦文明，可追溯至乌鲁克时代晚期。美索不达米亚由底格里斯河和幼发拉底河的冲积平原组成，有利于灌溉农业的发展和人类定居。早期驯化谷物之一大麦，可用来酿制啤酒，所以说古代啤酒的酿制历史可推至5000年前。

20. 啤酒为什么又被称作“液体面包”？

啤酒又叫麦酒，雅称为“液体面包”，是利用谷类作物中的淀粉水解为麦芽糖，再进一步发酵后制成的酒精饮料。

由于起始原料和工艺的不同，不同啤酒的营养成分差异较大，这些成分主要是由酵母发酵产生的各种代谢产物。

除了水、碳水化合物和酒精以外，啤酒还有丰富的风味物质，例如香草酸、咖啡酸、丁香酸、阿魏酸、芥子酸、香豆素等。

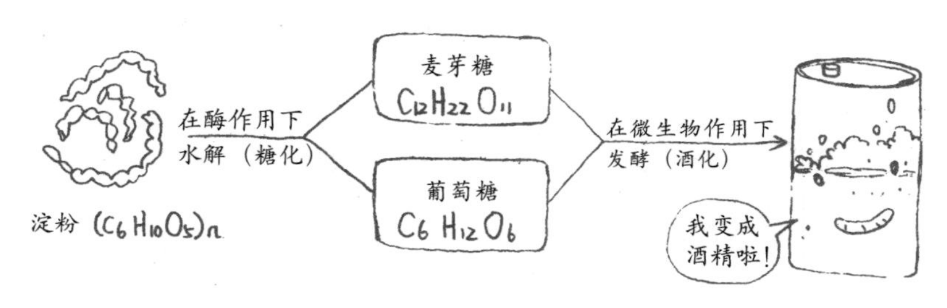

淀粉水解和发酵过程

21. 为什么不可以自己酿水果酒？

虽然几乎所有的含糖水果都像葡萄一样，可以用于酿酒，但自行在家中酿酒并不是一个好主意。

微生物的发酵过程十分复杂，酿酒过程中除了产生乙醇以外，也可能产生其他醇类，可能具有毒性，例如甲醇等。酒厂或酒庄在酿酒时会有蒸馏等工艺去除杂醇，但在家中无法操作。

22. 为什么说喝果汁不如直接吃水果健康？

一方面，市售的瓶装果汁中去除了大量的天然纤维而增加了糖分，因此喝果汁不如直接吃水果健康，直接吃水果可以帮助消化和控制血糖。

另一方面，正因为缺少了纤维，水果中的糖分更容易被人体吸收，血糖水平会快速升高，影响人体的胰岛素分泌，促进脂肪的囤积。

23. 用久的茶壶上的褐色茶垢到底是什么？

茶垢中除了水垢中常见的难溶性钙盐和镁盐，还含有茶叶中溶出的单宁。

单宁又称鞣酸、鞣质、单宁酸等，容易聚合，可以沉淀蛋白质，与生物碱、过渡金属离子都可以形成难溶性的复合物。

此外，茶叶中的其他多酚类物质也可以与单宁酸进一步聚合。

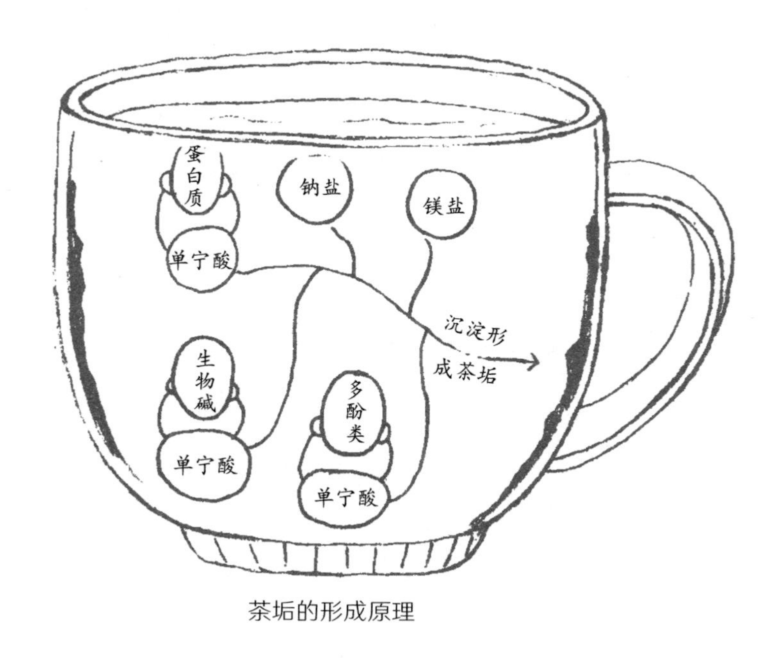

茶垢的形成原理

24. 红茶和绿茶在成分上有什么区别？

红茶和绿茶的制作工艺主要区别在于是否经过深度氧化和发酵。

虽然红茶和绿茶都含有类黄酮多酚，但含量和组分不同。绿茶中含有大量的儿茶素（EGCG），也称为儿茶素-3-没食子酸酯，是没食子儿茶素和没食子酸反应形成的酯，该物质在白茶中含量也较高。这一物质在红茶的制备过程中会被转化为茶黄素、茶红素和其他多酚类物质。

25. 喝咖啡后为什么总想上厕所？

咖啡中的咖啡因是一种中枢神经系统（CNS）兴奋剂，茶水和可乐中也有。咖啡因除了为人熟知的兴奋作用和抵抗嗜睡的作用，还具有利尿作用。

一般而言，饮用咖啡和其他咖啡因饮料不会有利尿作用，但如果摄入量达到300毫克（相当于2～3杯咖啡或5～8杯茶中的量）时也会使人尿量增多。不过，每个人对咖啡因的敏感程度也不一样。

26. 摄入多少咖啡因算过量？

虽然咖啡因被美国食品药品监督管理局（FDA）分类为“公认安全”（GRAS），但咖啡因摄入过量会导致中枢神经系统受到过度刺激，称为咖啡因中毒，这是一种在摄入咖啡因之后不久引发的暂时性疾病。

该综合征通常在摄入大量咖啡因（例如一次超过500毫克）后才会发生，远远超过常见含咖啡因饮料中的含量。

27. 人类为什么爱吃甜食？

在远古时期，人类祖先经常挨饿，而甜的水果可以立刻提供饱腹感和生理活动所需的热量。

随着人类不断进化，对甜食的热爱已经刻进了我们的基因。当人尝到甜味时，大脑会分泌多巴胺，使人感到快乐和满足。这是身体设定的一种反馈机制，鼓励人继续收集和保留糖类带来的能量。

28. 麦芽糖是用麦芽制造的吗？

麦芽糖是一种二糖，由两个葡萄糖分子缩合形成，或通过β－淀粉酶分解淀粉得到。由于直链淀粉是葡萄糖分子延续不断的缩合产物，而β－淀粉酶每次剪短的片段为两个重复单元，所以淀粉的水解会产生麦芽糖。

在自然界中，麦子在发芽的过程中，其中的淀粉会被水解，提供生长所需要的原料，因此产生的糖被称为麦芽糖。

29. 糖都是甜的吗？

在化学上，糖通常是指通式为$C_m(H_2O)_n$的所有碳水化合物（并非所有的糖都遵守这个通式）。

糖的种类除了我们常见的葡萄糖、果糖、蔗糖、麦芽糖等简单的单糖和二糖，还有纤维素、淀粉等多糖，这些多糖一般不具有甜味。

另外，甜味主要来源于分子结构中的多羟基结构。

甘油、甘露醇等物质虽然分子中存在多羟基结构，因此具有甜味，但并不属于糖类。

30. 人类的遗传物质中也有糖吗？

人类的遗传物质DNA全称为脱氧核糖核酸，由脱氧核苷酸组成。每个核苷酸由3部分组成：碱基、磷酸基团和脱氧核糖。

脱氧核糖也是一种糖，它是通过失去一个氧原子而从核糖衍生而来的，核糖是组成核糖核酸（RNA）的糖。脱氧核糖衍生物作为DNA的组成部分，在生物学中具有重要作用。脱氧核糖正是由于多羟基结构，才可以一边连接碱基，一边连接磷酸基团，组成人类所有细胞中都含有的遗传物质。

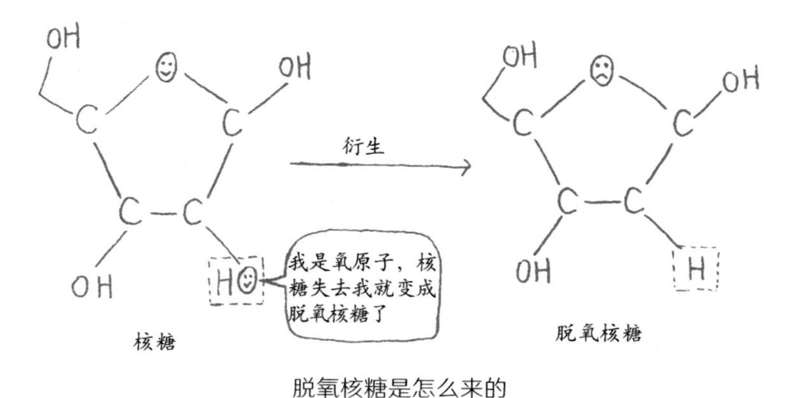

脱氧核糖是怎么来的

31. 为什么有的人喝牛奶会拉肚子？

牛奶中含有一种叫作乳糖的糖类，很多人的消化道中缺少可以消化乳糖的酶，这种情况称作乳糖不耐受。需要与牛奶过敏区别的是，过敏的一般反应是皮肤瘙痒、发红或哮喘，但乳糖不耐受一般只会腹胀、腹泻。

有的人不能消化乳糖，所以乳糖到达大肠后会被大肠中的微生物发酵，形成很多气体，因此导致腹胀、腹泻。乳糖不耐受的人群可以选择饮用去除乳糖的牛奶或发酵的乳制品。

32. 为什么煮鸡蛋剥开后有一股臭屁味？

鸡蛋在煮沸时，蛋清中的蛋白质会发生小部分的分解。由于这些蛋白质中含有硫元素，因此在隔绝空气的蛋壳内分解产生了少量的硫化氢气体，这就是臭屁味的来源。虽然硫化氢是一种有毒气体，但鸡蛋中含量非常少，对人体没有危害。

此外，煮鸡蛋的蛋黄外侧变成青黑色，也是因为硫化氢。蛋黄的高磷蛋白中含有铁元素，会与硫化氢形成深色的硫化亚铁，这些硫化亚铁同样对人体完全无害。

33. 为什么谷子、玉米、高粱能酿酒，黄豆却不能？

酿酒的原理是利用微生物的发酵作用，将谷物中的淀粉水解为小分子糖类，并利用这些糖产生酒精等代谢产物。因此，一般需要选择淀粉含量较高的谷物来酿酒，例如谷子、玉米、小麦、高粱等。葡萄等由于本身小分子糖含量较高，也可用于酿酒。

但黄豆的主要成分中30%～40%为蛋白质，15%～25%为脂肪，碳水化合物只占20%～30%。因此黄豆发酵更为复杂，主要是蛋白质的水解，最终形成氨基酸等风味物质，适用于制作酱或酿造酱油。

34. 能不能喝蛋白粉？

蛋白质的主要代谢路径是胃和小肠。

胃部分泌的胃蛋白酶对蛋白质进行初步水解。

未被完全消化的蛋白质在小肠中多种蛋白酶和肽酶作用下分解为氨基酸，并被小肠吸收。

肾不承担蛋白质消化和吸收的功能，但负担蛋白质代谢废物的排出，例如尿素和尿酸。

在喝蛋白粉时，如果蛋白质摄入量增大，毫无疑问，肾脏的工作量会加大，但健康人的肾脏完全可以承受这一工作。

目前没有研究证明大量的蛋白质摄入会造成肾损伤。但对于已经受损的肾，大量蛋白质摄入会使病情恶化。

35. 牛奶为什么会变酸？

牛奶变酸是因为发酵过程产生了乳酸，这也是制作酸奶的原理。酸奶的发酵过程借助乳酸菌对乳糖的代谢产生乳酸。

在工业上，乳酸菌也可以利用葡萄糖、蔗糖等简单的碳水化合物转化成乳酸。

此外，乳酸的发酵过程是个厌氧过程，所以睡前不刷牙导致龋齿也与微生物在口腔中形成的乳酸有关。

36. 蛋白质也会导致人中毒吗？

长期生病或大病初愈的人，由于消化和吸收功能较弱，如果在短时间内摄入大量蛋白质，一方面会导致蛋白质的代谢产物无法顺利排出，使尿素、吲哚等有害代谢物在体内含量过高，引起恶心、头晕等症状；另一方面蛋白质在胃肠道内异常发酵和腐败，产生的氨会使血氨升高，可能导致昏迷，严重者甚至休克和死亡。这种现象在医学上称为蛋白质中毒综合征。

37. 鸡蛋怎么吃营养价值最高？

鸡蛋几乎是全世界营养密度最高的食物。

考虑营养的吸收和消化，煮鸡蛋最佳，其次为蒸蛋和炒蛋。有些人认为鸡蛋生吃更有营养，但这种吃法对蛋白质的利用率不足50%，还可能有细菌感染的风险。

38. 吃素者如何补充蛋白质？

除了动物蛋白以外，植物蛋白也是人类比较重要的膳食蛋白质来源。

可食用的豆科植物种子一般都具有较高的蛋白质含量，例如花生中蛋白质含量约25%，大豆约35%，蚕豆约25%。大豆中的蛋白质由于含有的必需氨基酸种类齐全且比例适当，因此属于完全蛋白质，可以满足人类生理活动和生长发育所需。

39. 面筋也是蛋白质吗？

如果把小麦面粉揉成的面团放在水中清洗，水会因为不断溶出淀粉而逐渐变白，面团则变成黏性的不溶于水的团块，这就是面筋。很多辣条就是用面筋做的。面筋的主要成分是面粉中的蛋白质。

一般谷物中的蛋白质含量为6%～10%，但由于这些谷物蛋白中缺少人体必需的赖氨酸，所以属于不完全蛋白质，需要搭配其他食物才能满足人体所需。

40. 维生素C为什么是酸的？

维生素C也被称为抗坏血酸，分子结构中并没有羧酸根，但由于其水溶液略带酸性，而且可以治疗坏血病，因此在历史上被称为抗坏血酸。

坏血病又称为水手病，一度流行于船员等长期在海上生活的人群中，这是因为在当时缺乏长期保存水果和蔬菜的手段，他们的饮食中缺少维生素C。

1753年，苏格兰海军军医詹姆斯·林德（James Lind）发现此病与饮食中缺少水果有关。

41. 鸡蛋变成松花蛋，营养价值变高还是变低了？

松花蛋又称变蛋、皮蛋，是把鸡蛋或鸭蛋与盐、石灰、黏土和稻壳混合加工制成的。在制作过程中蛋白质由于碱性而变性成具有咸味的深棕色凝胶，蛋黄则变成深绿色。

这一变化过程中会有一些蛋白质和脂肪被分解，形成硫化氢和氨，并产生分子较小的风味化合物。松花蛋由于成分发生变化，不能直接和鸡蛋比较营养价值的高低，可以说各有各的好。

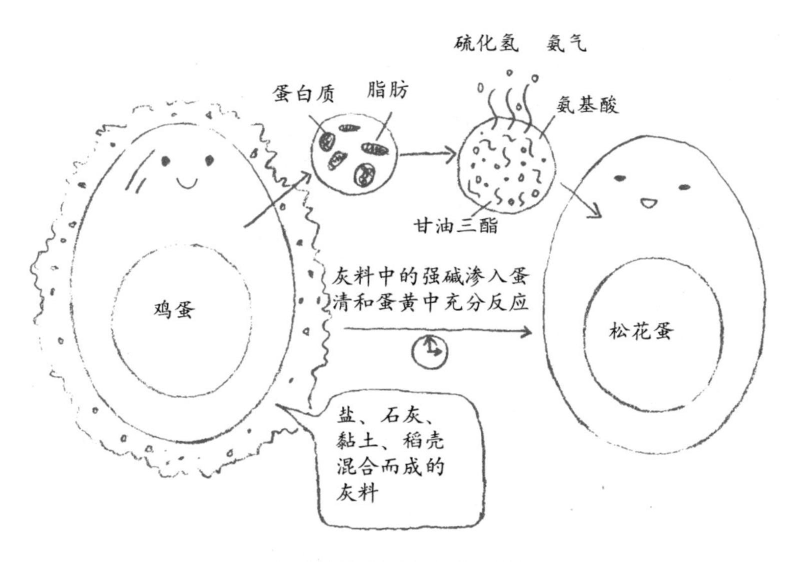

鸡蛋到松花蛋的变化过程

42. 松花蛋为什么有松花一样的花纹？

松花蛋的表面有时会形成类似松花的美丽形状，这是由于蛋白质分解产生的氨基酸盐类析出造成的。

由于部分蛋白质分解为氨基酸，所以味道尝起来比鸡蛋更为鲜美。食用松花蛋时，加一点儿醋可以有效中和分解过程中形成的氨和残留的碱性物质，风味更佳。

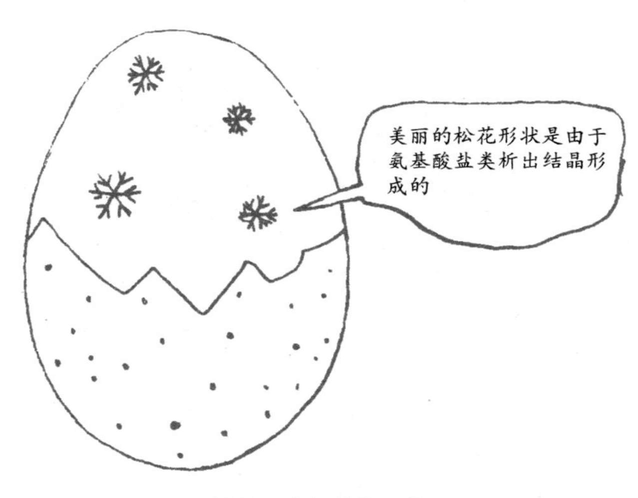

松花蛋中松花的形状

43. 用豆浆制作豆腐是怎么做到的？

豆浆在化学中属于乳化胶体。油脂、蛋白质等不溶于水的物质以小液滴形态分散于水中，形成的稳定体系叫作乳化胶体。

从豆浆到豆腐，需要经历破乳和凝胶化过程，使蛋白质聚沉形成固态的凝胶。

可以使用卤水（钾盐、钙盐、钠盐、镁盐的溶液，一般是晒盐场剩下的或者是矿物井渗出液）或石膏（天然矿物硫酸钙）促使其凝固。所以吃豆腐要么可以补镁，要么可以补钙。

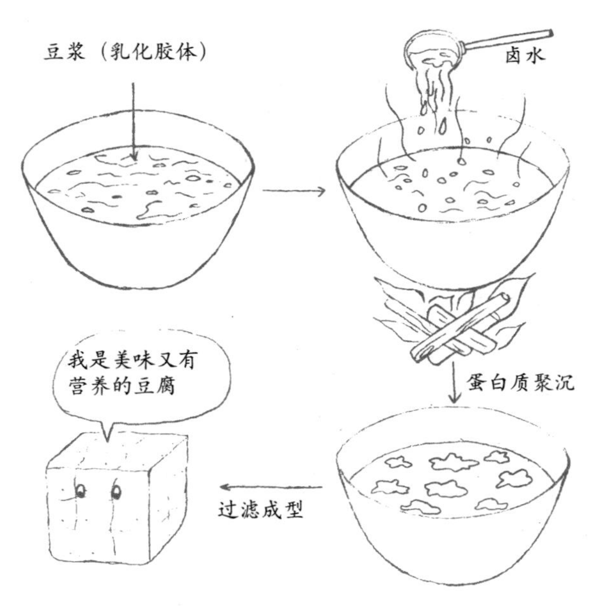

从豆浆到豆腐的破乳和凝胶化过程

44. 吃胡萝卜对眼睛好是真的吗？

A醇是维生素A的一种，也叫视黄醇。如果缺乏维生素A，可能导致夜盲症和其他视力缺陷。孕妇缺乏维生素A可能会导致新生儿死亡。

正常人的饮食中，胡萝卜素会在体内转化成维生素A，鸡蛋、牛奶、动物肝脏、地瓜和西蓝花也都是维生素A的食品来源。普通人群不需要额外补充，维生素A摄入过量反而对身体不好。

穷苦的地方饮食条件不好，没有维生素A来源，针对这种情况，菲律宾“金色大米”计划想解决的事情就是通过转基因技术，使大米能产生胡萝卜素，从而补充维生素A。

45. 口腔溃疡是上火了吗？

当人体缺少维生素时，更容易发生炎症反应。口腔溃疡就是其中一种表现，可能是由细菌感染、营养不良、局部创伤、微生物等各种原因引起的。

发生口腔溃疡多与B族维生素缺乏有关。患者需要咨询医生，不要轻信网络文章。

46. 为什么牛、羊可以吃草而人不可以？

牛、羊等反刍动物可以吃草，是因为它们能利用肠道发酵过程消化植物，这是植物中纤维素被分解利用的主要途径。人的消化过程和肠道菌群与这些动物不同，无法消化纤维素。

碳水化合物被微生物分解成简单的分子，吸收到动物的血液中，但同时会产生甲烷气体。目前各国科学家正在想办法解决这一难题，或通过改变牛的肠道菌群，或通过改变饲料组成以减少牛屁中的甲烷。

47. 金针菇为什么难以消化？

金针菇是可用于凉拌、热炒和涮火锅的一种常见食用菌类。

由于金针菇的蛋白质中精氨酸和赖氨酸含量高于一般菌类，营养价值较高，有利于儿童的智力发育，因此日本人将其称为“增智菇”。

由于金针菇中含有的真菌多糖难以被人体消化，通常是吃进去什么样，排泄出来还是什么样，所以以前人们认为这种蘑菇并没什么营养。

在食用金针菇时，需要仔细咀嚼。

48. 桃胶真的能美容养颜吗？

桃胶是桃树树皮上分泌出的红褐色或黄褐色胶状物质，其化学本质是大分子的植物多糖，可以认为和松香等树脂类似。

桃胶是无法被人体吸收的，吃进去的和排泄出的没有变化。

一些无良商家宣传桃胶可以美容养颜，其实这是彻底的虚假宣传。可能桃胶的唯一好处就是促进排便。

49. 盐为什么被用来做防腐剂？

为了阻止微生物（细菌和真菌）利用食物的营养进行繁殖，从而导致食物腐败变质或霉变，在食物中加入适量防腐剂，使食物保存时间延长是人类从古至今的智慧。

食品加盐防腐是世界各地人民通用的一种古老的食品保存工艺，称为腌渍，例如火腿、咸肉、腊肉、腌菜、酱菜等都使用了这种工艺。

盐的防腐机制是通过高浓度食盐的高渗透压，迫使微生物脱水，从而达到杀灭微生物的功效。同时盐也会迫使食物组织中的水溢出，使组织变得紧密、坚韧。

50. 糖也可以做防腐剂吗？

与盐一样，高浓度的糖也可以迫使微生物脱水，达到灭菌的目的。这种处理方式称为糖渍，可用于制作蜜饯、果脯等。

51. 食品防腐剂大揭秘——苯甲酸钠

苯甲酸钠是苯甲酸的钠盐，是一种使用十分广泛的食品防腐剂。

虽然苯甲酸钠天然并不存在，但苯甲酸和苯甲酸的酯类在水果和蔬菜中大量存在，尤其是浆果中。

使用苯甲酸钠的食品一般是呈酸性的食品，例如果汁、碳酸饮料、果酱、调味品等，有时也用于化妆品和护肤品。在这些环境中，苯甲酸钠会部分转变为苯甲酸，苯甲酸可以抑制磷酸果糖激酶的活性，因此抑制糖酵解和微生物的生长。

《国际化学品安全方案》指出，每天摄入剂量为647毫克/千克～825毫克/千克体重的苯甲酸钠对人体没有不利影响，人体可以将其代谢出去。

52. 食品防腐剂大揭秘——乳酸钠

乳酸钠是乳酸的钠盐。工业上利用乳酸菌使糖（玉米或甜菜）发酵生产乳酸，再利用碱中和制备乳酸钠。

乳酸钠可以抑制大肠杆菌等致病菌的生长，可用于食品的保鲜，同时由于含钠，也具有调味的作用。因为易于大量制造，乳酸钠也被用于护肤品等日化产品的防腐。

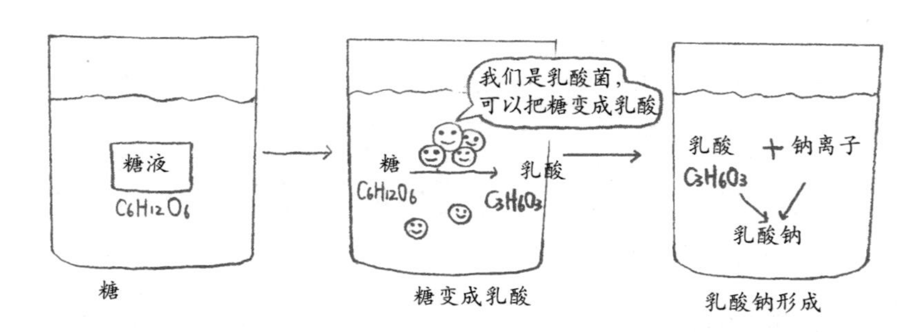

乳酸钠的形成过程

53. 食品防腐剂大揭秘——亚硫酸盐及亚硝酸盐

葡萄酒中常含有天然亚硫酸盐，亚硫酸盐也被用于干果类产品的防腐。除了直接添加亚硫酸盐，二氧化硫熏蒸也会产生亚硫酸盐。

亚硝酸盐在肉类制品中常被用作发色剂，在腌渍食品中含量较高。

亚硫酸盐和亚硝酸盐对身体健康都不好，尽量少摄入。近年的一些研究发现，熏制肉与癌症发病率存在关联；亚硫酸盐则可能引起过敏反应。

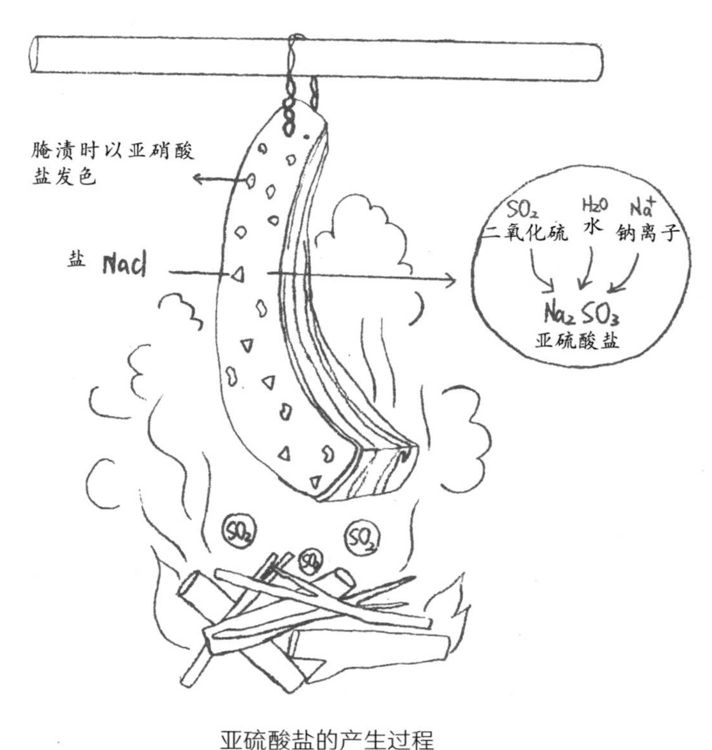

亚硫酸盐的产生过程

54. 食品防腐剂大揭秘——乳酸链球菌素和纳他霉素

全国食品添加剂标准化技术委员会批准使用的天然微生物源防腐剂只有乳酸链球菌素和纳他霉素，它们都是通过微生物发酵产生的。

其中，乳酸链球菌素是一个小的肽，是从乳酸乳球菌在牛奶或葡萄糖等天然底物上培养获得的，通常用于加工乳制品、肉类、饮料等产品，是一种对许多革兰氏阳性菌都具有杀灭效果的广谱细菌抑制剂。纳他霉素则是通过纳他链霉菌的发酵产生的。

这两种微生物制剂都是低剂量且安全性很高的防腐剂。

55. 为什么馒头越嚼越甜？

馒头中的淀粉会在口腔中被口水里的唾液淀粉酶水解，成为麦芽糖等简单的糖类，所以会越嚼越甜。这是食物消化的第一步。

唾液中除了含有淀粉酶，还含有黏多糖、黏蛋白、溶菌酶等，所以唾液也具有杀菌能力。

56. 为什么咬过的苹果会变成褐色？

苹果变成褐色涉及一个氧化反应：苹果中的多酚类物质被氧化为褐色的醌类，这一过程借助苹果本身含有的多酚氧化酶。

除苹果外，土豆、香蕉等蔬菜、水果也会发生褐变。而柠檬则不会褐变，原因在于柠檬中含有很多还原性物质，例如柠檬酸、维生素C等，会替代多酚先被氧化。

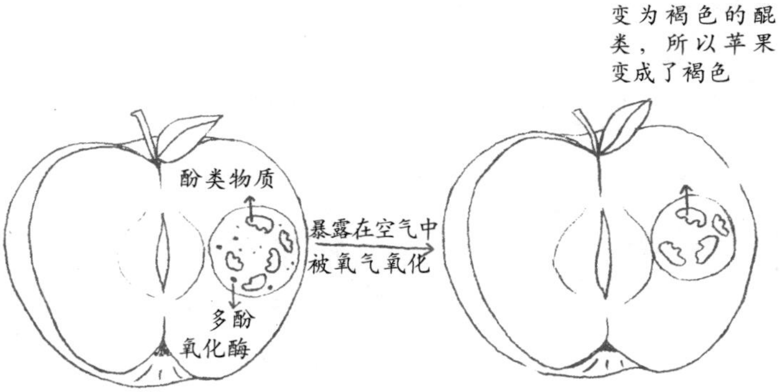

苹果的氧化过程

57. 最初的可口可乐含有致瘾的可卡因

最早的可口可乐是一种含有可卡因成分的饮料，问世之后迅速成为全世界流行的饮料。起初，可口可乐是以提神剂的形式在药店中出售的，其中加入了古柯（Coca）的叶子和可乐（Kola）的果实，也就是含有可卡因的古柯叶和含有咖啡因的可乐果。

可卡因在被认定为毒品之前，曾在较长时期内用于医学用途，例如局部麻醉剂等。当然，现在的可口可乐已经不含可卡因了。

58. 为什么有的米很黏，有的米却不黏？

煮熟的大米是不是黏，取决于其中淀粉的结构。

籼米的外形细长，煮出的米饭颗粒分明、互不粘连，这是因为其中的淀粉主要是直链淀粉。而粳米和糯米则比较黏，因为其中含有更多的支链淀粉。

直链淀粉更易溶于水，也更容易被人体吸收。而支链淀粉则容易糊化，形成黏稠的糊状。

糯米中的支链淀粉通常占总重量的80%以上。

59. 催熟的水果使用的激素对人体有害吗？

借助保鲜技术和高速的运输，现在我们已经可以随时随地品尝到世界各地的水果了。

有时候，水果还未完全成熟就被运输到销售地，然后在当地再使用催熟剂催熟。例如，香蕉就可以使用能释放出乙烯的乙烯利试剂进行喷洒。有些人会担心这种催熟剂被人体摄入后产生有害作用，事实上大可放心的是，这些植物激素只对植物起作用，对人体完全无害。

当然，有些人认为树上成熟的果实比催熟的果实更为香甜，这就仁者见仁、智者见智了。

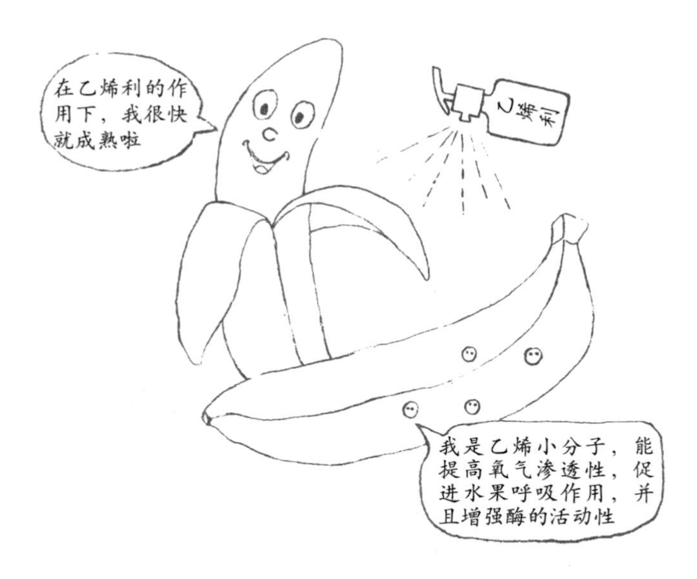

乙烯利试剂的催熟原理

60. 辣条是什么做的？

不管是面筋做的辣条还是豆皮做的辣条，其主要成分都是蛋白质。但面筋并不是优质蛋白。

优质蛋白的考量因素有含量、吸收率、利用率、必需氨基酸含量等。鸡、鱼、肉、蛋、奶等动物蛋白属于优质蛋白，豆类、坚果中的蛋白质也可算作优质蛋白。

61. 奶茶里的珍珠是什么？

珍珠奶茶中的珍珠是使用木薯粉制成的。木薯粉是一种从木薯类植物的贮藏根中提取的淀粉。

尽管木薯粉在许多热带国家成为数百万人的主食，但它仅能提供碳水化合物，几乎为纯淀粉，只有少量的蛋白质、脂肪、矿物质和维生素，因此木薯粉的营养价值仅限于其能量价值。

62. 海蜇为什么一般只凉拌着吃？

海蜇是水母的一种，主要生长在太平洋的温暖水域，是东南亚很受欢迎的海鲜。

在20世纪80年代，中国对海蜇的水产养殖进行了研究。现在我国一般在池塘中繁殖海蜇，然后放到海里。

由于海蜇皮中98%都是水，所以只能凉拌着吃，爆炒和红烧时它会彻底化成水。

63. 紫薯遇到醋为什么会变红？

紫薯的紫色来源于其中丰富的花青素成分。花青素是一种天然存在的水溶性植物色素，通常分布于植物的花瓣、果实和根茎中。紫薯煮水时，花青素可以溶解于水中，变成紫色的水。

由于花青素是一类酸碱指示分子，随着细胞液的酸碱度变化或环境的酸碱度变化，可以呈现不同的颜色。在碱性环境中，花青素脱质子，形成可以吸收更长波长可见光的共轭体系，呈现蓝绿色。变色并不影响食用，加少量的醋或柠檬汁就可以使颜色恢复。如果加的量更多，花青素在酸性环境中则会变成红色。

第四章

药物中的趣味化学

01. 何首乌真的能让人头发变黑吗？

何首乌通常被当作治疗白发的神奇草药，实际上，它不仅没有让头发变黑的功效，反而有巨大毒性。从何首乌中至少可提取100种有生理活性的物质，成分过于复杂，其中不乏具有明确毒性的物质。目前已有十分明确的肝毒性、肾毒性的相关性报道和一些生殖毒性、骨髓毒性的案例。

国家药品监督管理局在2014年7月已在《药品不良反应信息通报》中发布了“关注口服何首乌及其成方制剂引起的肝损伤风险”的提示。不管是生首乌、制首乌或首乌制剂，均在此列。含有何首乌的药品多为非处方药，而且还被添加进保健食品，希望大家仔细甄别。

02. 你敢喝“镭钍水”吗？

20世纪，人们刚刚发现放射性现象时，对放射性的危险还没有任何认知。因为镭可以在夜间发出幽幽的光亮，这种东西如此神奇，以至于人们居然认为它包治百病。

1920年前后，镭被大量用于涂抹夜光手表、牙齿和指甲的涂料，被加入护手霜、牙膏和洗澡水中，甚至有一家公司发明了一项专利：用含镭的矿石制造出储水的瓶子，里面有“包治百病”的镭钍水，这甚至直接带动了放射性食物的流行。这一系列的闹剧最终让人们付出了惨痛的代价。

03. 威尼斯糖蜜是药还是毒？

糖蜜最早出现在公元1世纪的希腊，随后通过丝绸之路传播到波斯、印度、中国等地，在当时被认为是一种能解百毒的灵丹妙药。

这种糖蜜一般是用64种植物、动物和矿石粉碎后和蜂蜜调成的，制作原料通常包括蛇肉、蝎子、鸦片等奇怪的东西。

中世纪的伦敦，药剂师将这种糖蜜称为“威尼斯糖蜜”，甚至会有人将木乃伊干尸磨成粉加入糖蜜中，直到1884年还有人出售这种“药物”。18世纪，德国人塞缪尔·哈内曼（Samuel Hahnemann）甚至提出顺势疗法这一理论：毒蛇的肉可以治疗蛇毒，糖蜜由毒药制成，所以可以治疗其他毒药导致的中毒。事实上，病人在吃了这种糖蜜后，会很快死亡。

04. 蛇真的怕雄黄吗？

古代中医认为雄黄可驱邪解毒，又认为蛇是毒虫，因此穿凿附会地认为雄黄克制蛇和百虫，这实际上是非常朴素的一厢情愿。大量的实验已经证明，蛇并不惧怕雄黄、雄黄粉或雄黄酒。

实际上，雄黄本身是砷的硫化物，在任何情况下都不能服用。古人认为通过君臣佐使和精心炮制，砷元素会转化成无毒形态，这种说法是没有科学依据的。长期摄入雄黄会造成重金属中毒。

05. 西瓜霜是怎么做出来的？

在古代，制作西瓜霜的过程是：先把芒硝装进西瓜皮中，然后将西瓜皮放于阴凉处，等西瓜皮的外表面结霜后即可。西瓜霜是一种白色晶体。这一过程实际上是利用西瓜皮对天然芒硝也就是十水硫酸钠重结晶提纯的过程。

西瓜霜的现代制作方法已不再使用西瓜皮，而是直接使用十水硫酸钠制霜。硫酸钠的作用机制是形成高渗溶液达到杀菌的目的，其实浓盐水也可起到同样作用。

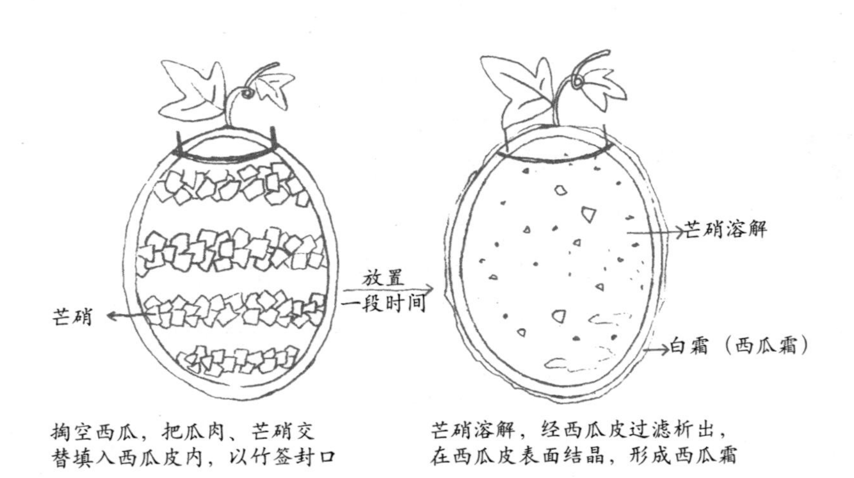

西瓜霜的制作原理

06. 孔雀胆真的有剧毒吗？

民间有传说：孔雀胆有剧毒，吃了会七窍流血而死。其实这是误传，孔雀胆大概可以指代3种东西：一是孔雀的胆器官，二是铜矿石，三是指一种虫子。

和其他有胆的动物一样，孔雀的胆参与消化吸收的代谢过程，因为有胆汁，所以可能不好吃且有微毒性，但是吃下去是不会导致人七窍流血而死的。

碱式碳酸铜俗称孔雀石，也有人称其为孔雀胆，是天然的铜矿物，是现在比较流行的半宝石，其化学成分和铜锈一样。

真正有剧毒的是被称为孔雀胆的南方大斑蝥（Mylabris phalerata）的干燥虫体，只因其花纹看上去像孔雀的胆，且在我国分布区域与孔雀的分布区域高度重合，所以被误传了。我国有使用南方大斑蝥入药的历史。

南方大斑蝥可以分泌斑蝥素，雄性成虫用之作为与雌性成虫交配时的礼物，雌性成虫将斑蝥素覆盖在卵上，防御捕食者。斑蝥素无色无味，人类接触后皮肤会产生严重的化学烧伤，在美国被列为极其危险的物质，美国食品药品监督管理局（FDA）未批准使用。

07. 鹤顶红和仙鹤有什么关系？

鹤顶红是古代对砒霜的俗称。

纯的砒霜（三氧化二砷）是白色的，有剧毒。由于古代提纯技术低，常混有杂质，呈红色，所以又称红矾和红信石，其实与仙鹤毫无关系。

历史研究发现，光绪帝是被砒霜毒死的。因为光绪帝的头发中有极高含量的砷，这是慢性中毒过程中逐渐代谢产生的。

08. 甘汞曾被用作利尿剂

氯化亚汞（俗称甘汞）是一价汞的氯化物。尽管氯化亚汞在水中的溶解度较小，且氯化亚汞的毒性比氯化汞要低，但仍有毒性。

从18世纪到19世纪60年代，氯化亚汞在西方传统医学史上占有一席之地，在美国曾被用作泻药和利尿剂。直到1954年，英国的一种牙粉还在使用甘汞，从而造成了广泛的汞中毒。直到后来人们发现了这一化合物的毒性，其医药用途才被终止。

09. 香灰止血有科学依据吗？

香灰止血毫无科学依据。

现代医学已经清楚解释了凝血的分子机制，促进凝血的分子被称为凝血因子，主要是一些蛋白类物质。

香灰、炭灰甚至沙土在一些偏远穷困地区被当作止血的物质处理伤口。

单从效果而言，由于这些物质能吸水，可提高伤口局部的凝血因子的浓度，确实可以达到止血的效果。但由于这些物质本身并不是无菌的，容易导致创面感染，反而更不利于后期愈合，也增加了医生处理伤口的难度。

10. 柳树皮也能治病吗？

德国化学家费利克斯·霍夫曼（Felix Hoffmann）于1897年8月10日首次合成了乙酰水杨酸，即镇痛药阿司匹林，使这种物质第一次在稳定形态下用于医疗。

水杨酸最早是一种从白柳（Salix alba）中分离出来的天然产物，2000多年前亚洲人和欧洲人就已经使用树皮治病。在现代医学发展后，我们知道其治病机制是树皮中的水杨苷经过水解和氧化后形成水杨酸，在人体内代谢成为阿司匹林（乙酰水杨酸）。

11. 改变人类历史的金鸡纳树

奎宁是一种用于治疗疟疾和巴贝虫病的药物，1820年，它首次被科学家从金鸡纳树的树皮中分离出来，目前金鸡纳树仍然是其最经济的来源。

19世纪，因为有了奎宁，非洲不再是“白人的坟墓”，欧洲人得以在非洲大肆进行殖民扩张。金鸡纳树的种子和树苗也因此成为19～20世纪荷兰、日本和美国的战略资源，可以说，这种植物改变了人类的历史。

由于奎宁副作用明显，2006年，世界卫生组织不再建议将其作为疟疾的一线治疗方法，在没有青蒿素时才可以使用。

12. 剧毒砒霜也能用来治病吗？

砒霜，学名为三氧化二砷。虽然砒霜有毒，在医学上却可以用于治疗一种叫作急性早幼粒细胞白血病（APL）的癌症。

20世纪70年代，中国研究员张亭栋及其同事发明了砒霜治疗白血病这种方法。2000年，这种疗法在美国被批准用于白血病治疗。

砷剂（即砒霜）用于治疗白血病，其本质属于化学疗法的一种，利用的正是砒霜的毒性。由于其毒性，许多国家（地区）都制定了关于它的生产和销售的相关法规。

13. 青蒿素是从青蒿中提取得来的吗？

屠呦呦因为发现并提取青蒿素，开创疟疾新疗法而获得2015年诺贝尔生理学或医学奖，如今含有青蒿素衍生物的治疗法（青蒿素联合疗法，ACTs）已成为世界范围内治疗恶性疟原虫疟疾的标准方法。然而目前使用的青蒿素衍生物并不是从青蒿中提取的，而是从黄花蒿中提取的。

1976年，上海药物所发现双氢青蒿素比青蒿素的抗疟效果更好。随后在双氢青蒿素的醚类、羧酸酯类和碳酸酯类衍生物的动物实验中发现这些都比青蒿素本身效果更好。

如今青蒿素类抗疟药组成复方已经被世界卫生组织确定为唯一的推荐用药方法，其中的衍生物是蒿甲醚、双氢青蒿素等。

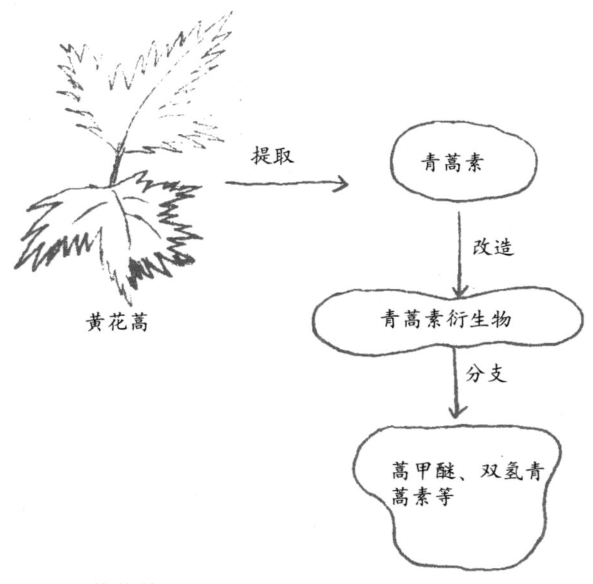

黄花蒿与青蒿素、青蒿素衍生物的关系

14. 蛇毒的奇妙医用价值

蛇毒是蛇分泌的含有动物毒素的唾液，其成分因蛇的种类而异。这些毒液的毒性常常来源于其中的蛋白质和多肽的复杂混合物。由于其中一些蛋白质具有特殊的生物学功能，例如调控凝血、调节血压、影响神经传递等，因此被开发利用作为药物或诊断工具。

15. 紫杉树皮也能用于治病吗？

1971年，人们从太平洋紫杉中提取出紫杉醇，并于1993年将其用于医疗用途。

紫杉醇是一种化学疗法抗癌药，可以用于治疗乳腺癌、卵巢癌、肺癌、胰腺癌等多种癌症，一般通过静脉注射给药。

从1967年到1993年，几乎所有的紫杉醇都是从紫衫的树皮中提取的，直到1993年，人们才发明了较为实用的人工合成生产技术，而近年来已通过生物发酵的方式使用大肠杆菌和酵母菌成功生产出紫杉醇。

16. 吗啡是一把双刃剑

吗啡在医学上属于阿片类止痛药。药用吗啡主要来源于罂粟。由于吗啡具有强烈的成瘾性，因此在许多国家被列为管控药物和神经毒品。历史上给中国人带来极大痛苦的鸦片战争的导火索——鸦片，就是吗啡的原型药。

其实人体可以自行合成吗啡，全身的各种细胞甚至白细胞都可以合成并释放吗啡，所以吗啡属于内源性止痛药。

17. 白藜芦醇具有保健作用吗？

白藜芦醇是一种植物生产的多酚，一般在植物受到物理伤害和病原体攻击时会大量分泌，在葡萄皮、蓝莓、桑葚、花生皮中含量较多。

虽然白藜芦醇具有较强的抗氧化性，也被当作膳食补充剂或保健品添加到产品中，但目前没有任何临床实验的结果证明这一点。此外，不仅没有任何白藜芦醇对心脏病、癌症和代谢综合征病人有益的证据，也没有影响人类寿命的证据。

18. 天然提取的维生素和化工厂合成的有区别吗？

从化学的角度看，天然提取的维生素和化工厂合成的维生素，对人的生理活动起作用的分子结构完全相同，二者的主要区别在于提取和合成的成本相差较多。

在日常生活中，建议通过食物来摄入维生素，因为食物中存在天然维生素。

只有在特殊的情况下，例如长期无法吃到新鲜的蔬菜水果，日常饮食无法满足身体需要或患有疾病，才考虑摄入维生素片。

19. 什么是化疗？

最广为人们接受的治疗癌症的方法有手术、化学疗法（简称“化疗”）和放射疗法。化疗使用抗癌药物杀灭癌细胞，比如第一种铂类抗癌药顺铂（即制作铂金戒指的那种贵金属铂，很贵）、紫杉醇（以前只能天然提取，很贵）、阿霉素（略贵）等。化疗的最大问题是抗癌药物对健康细胞也有毒性，因此化疗患者饱受痛苦，如疼痛、脱发、患上内脏疾病等。

20. 泡腾片为什么遇水就发泡？

泡腾片遇水崩解，同时释放出二氧化碳，这一过程涉及酸碱中和反应。

泡腾片中含有一些固态的有机酸（例如无水柠檬酸）和碱性盐类（例如碳酸钠或碳酸氢钠等）。在固态时，酸和碱接触不到彼此，所以几乎不发生反应。溶解于水后，产生的气体使其崩解速度加快，不仅使人服用方便，还会产生喝汽水一样的口感。

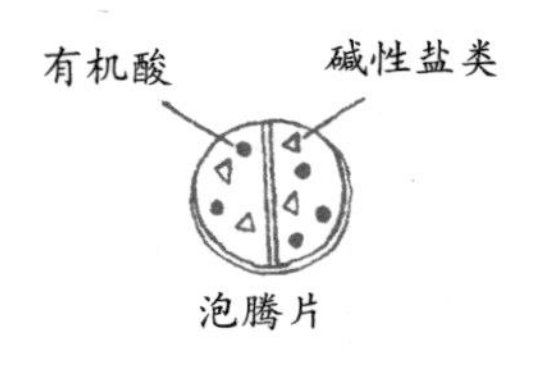

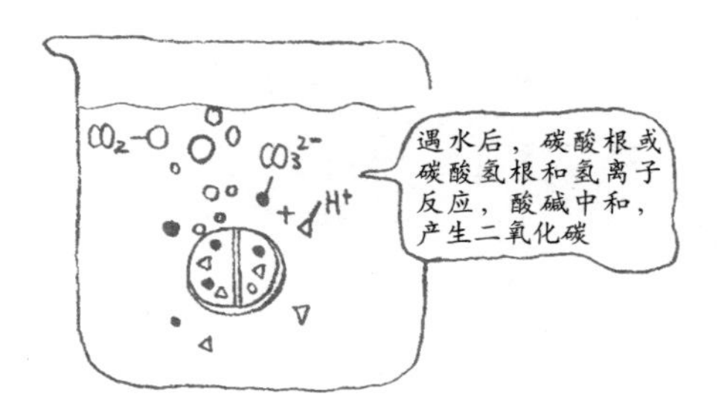

泡腾片中的酸碱中和反应

21. 生理盐水可以喝吗？

生理盐水是与人体血浆渗透压相似的氯化钠溶液。在一个膜的两侧，水会从低浓度一侧渗透到高浓度一侧，为了抗拒这一渗透而产生的压力称为渗透压。

适合人类和哺乳动物使用的氯化钠溶液浓度约为0.9%。生理盐水一般用于静脉注射和肌肉注射，也可以外用，例如清洗伤口。由于彻底无菌，生理盐水是可以喝的，但由于含盐，不建议大量或长期饮用。

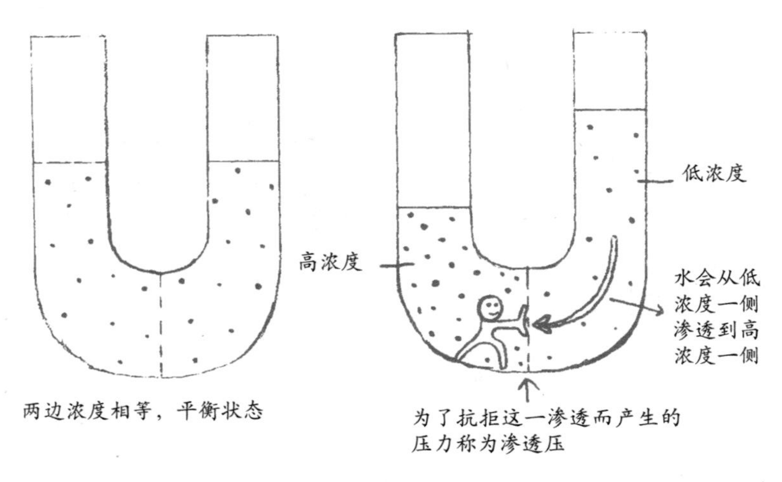

渗透压是什么

22. 胶囊为什么要连壳吃下去？

胶囊的壳可以保护药物成分，调节人体对药物的吸收和代谢。很多胶囊的壳是用淀粉做成的，由于胃不会消化淀粉，所以胶囊可以在完整到达小肠后再释放出其中的药物成分。

这样做的好处有两个：一是对酸敏感的药物可以躲过胃酸的攻击，二是对胃有刺激性会引起反胃的药物也可以不接触胃部。

23. 胃酸过多怎么办？

胃酸过多是胃肠疾病的常见症状之一，除了要针对各种胃病对症治疗以外，胃酸过多的症状也需要治疗。

常用对症药物的主要成分是碱式碳酸镁铝，一方面，通过酸碱中和反应，可以消耗掉过多的胃酸；另一方面，氢氧化铝胶体可以形成黏膜保护胃壁。

24. 为什么酒精可以消毒？

一方面，酒精是一种可以和水混溶，也可以溶解许多油性有机溶剂的物质。接触到细菌后，酒精可以溶解细菌的膜，破坏其结构。另一方面，酒精可以使细菌中的蛋白质变性，从而使细菌失去感染人的活性。

需要特别注意的是，医用酒精是含量为75%的酒精水溶液，这一浓度是消毒杀菌效果最好的浓度。

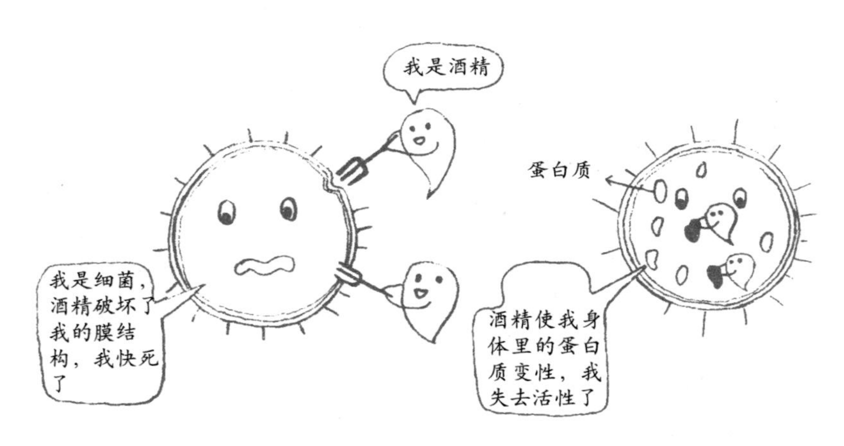

酒精消毒的原理

25. 为什么化疗会使人掉头发？

传统的化疗药物由于干扰细胞的有丝分裂而具有细胞毒性，可以认为化学疗法是“杀敌一千，自损八百”的抗癌方法。对于人体正常的、快速分裂的其他细胞，如毛囊细胞等，化疗药物也有很高的毒性。

26. 葡萄糖为什么可以直接注射到血管里？

在食物的消化和吸收过程中，葡萄糖十分容易被吸收进入血液，被称为血糖。

普通人的血糖水平在一天中不同时间段里是比较平稳的，它通过复杂的激素响应达到代谢稳态。

在患者的治疗中和在运动员的运动中，葡萄糖通常被用作快速的能量补充来源。

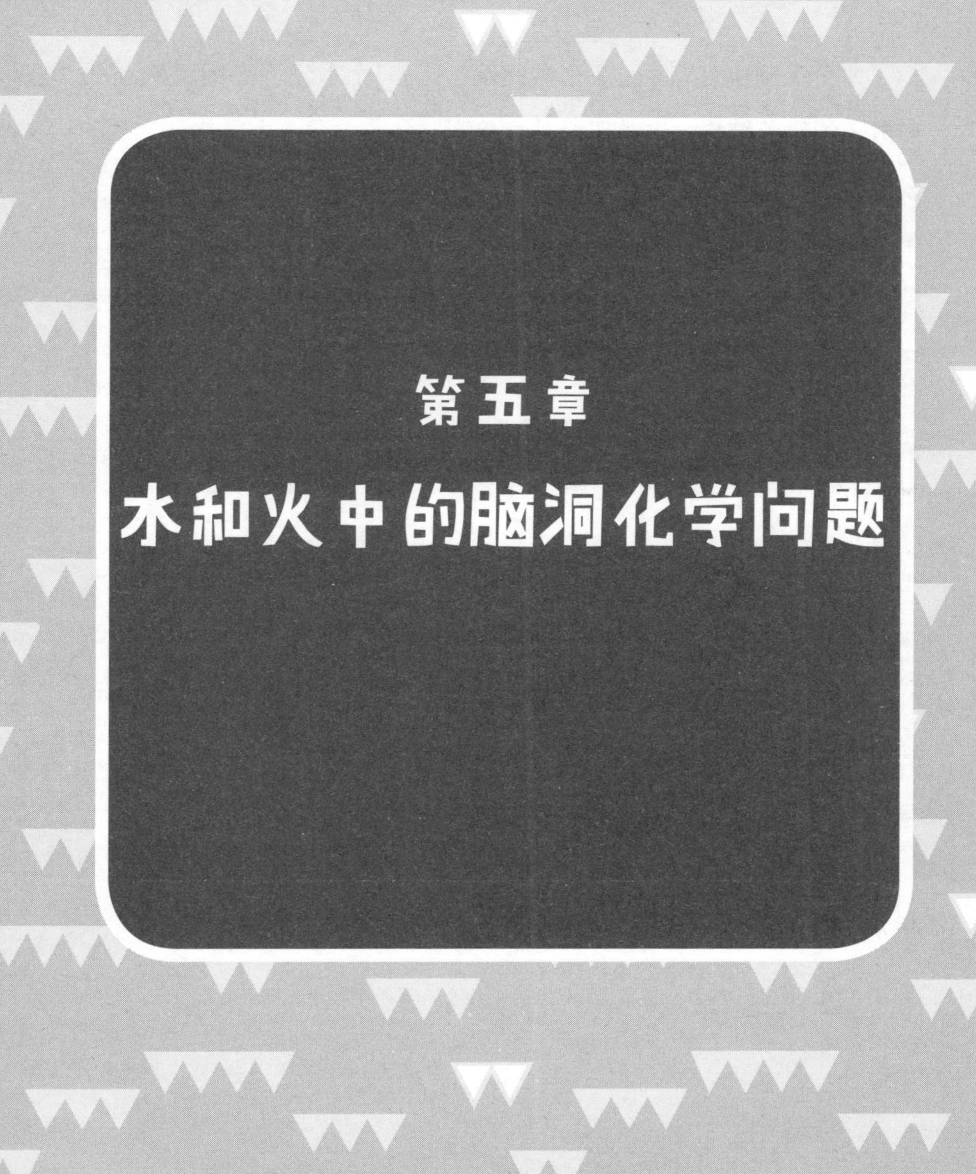

第五章
水和火中的脑洞化学问题

01. 小分子水存在吗？

水分子确实可以手拉手形成团簇，比如3个水分子、4个水分子等形成小的组装结构，这是已经被直接观察到的（北京大学物理学院的研究工作）。

这些团簇可能有不同的结构和分子数，很多在自然条件下是可能存在的，比如空气中。但商家炒作的小分子团簇水对人的身体更健康，实际上并没有科学理论的支撑。

02. 负离子水健康吗？

负离子水是个伪命题。因为不可能存在无缘无故的单纯的负离子，有负离子必须有相应的正离子，不然这个物体就会带电。

有的商家声称负离子水可以改变酸性体质从而治疗疾病，这是不符合科学事实的虚假宣传。因为一来酸碱性体质本身就是伪科学，二来负离子水根本不可能改变人体的酸碱性。

我国《生活饮用水卫生标准》（GB 5749—2006）详细说明了饮用水的卫生要求，不可乱信无良商家。

03. 为什么水结冰后会膨胀？

在液态时，水分子是无序的，分子与分子间通过氢键形成三维的网络。但结冰时，氢键会使水分子有序排列，每个水分子都以等于氢键长度的距离远离其相邻分子，这种有序结晶方式类似于将一张渔网撑开，整体密度降低。因此，水在冻结时会膨胀。

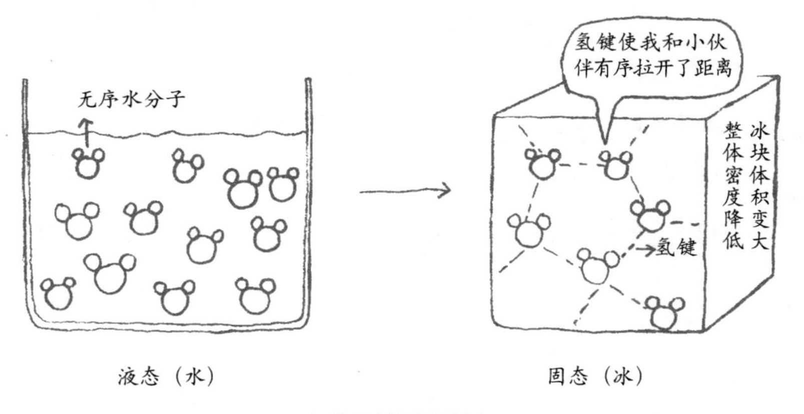

水分子的两种形态

04. 有沉入水底的冰吗？

一般来说，冰都是漂浮在水面上的，但也有例外，有些冰会沉入水底，这跟冰的密度有关。

普通的冰看起来每一块都一样，其实内部水分子的排列和堆积结构差别巨大。现在已知的冰结构至少有18种，这些结构的形成取决于结冰时的温度变化速度和压力。

当水被快速冷却时，可以形成3种不同类型的无定形冰。而在较高的压力下，其他的冰相在自然界中也可以形成。比如，冰III是密度最小的高压相，但仍然比水的密度大。所有的高压冰相都会沉入水底。

05. 我们喝的水有一百亿岁了吗？

水分子由氢原子和氧原子组成。在地球诞生之初，氢元素就已经出现了，这些氢元素来源于大约百亿年前发生的宇宙大爆炸。

氢元素是元素周期表中的第一号元素，也是宇宙中含量最高的元素，约占宇宙质量的74%。含量排在第二的元素是氦，大约是氢的三分之一；排在第三的是氧元素，约为氢的七十分之一。

标准宇宙学模型已经很好地预测了最轻元素的丰度，因为它们大多是在大爆炸后不久（即几百秒内）以“大爆炸”核合成的过程生产的。较重的元素大部分是在很晚以后才在恒星内部产生的。

06. 为什么水和酒精混合后是“1加1小于2”？

如果将250毫升水与250毫升酒精（乙醇）混合，则只能得到约480毫升的溶液，就是说水和酒精混合后，体积变小了，这是怎么回事儿?

首先，在水和乙醇之间有很强的氢键，比水和水之间或乙醇和乙醇之间的氢键更强，这些氢键将不同的分子拉得更近。

其次，因为乙醇会干扰水中形成的类似冰的临时框架结构，使得分子堆积的方式更紧密了。

07. 人的脑组织含水量是多少？

水在人体各个部位中广泛存在：大脑和心脏中含有73%的水，肺部含有83%的水，皮肤含有64%的水，肌肉和肾脏中含水量为79%，甚至骨头中都含有31%的水。

人体在不同年龄阶段含水量也会发生变化：刚出生的婴儿体内含水量最多，约为78%，到1岁时下降到65%左右；成年男性身体中含水量大约是60%，成年女性则为55%。

08. 宇宙飞船上的一杯水拿到太空中会怎样？

由于太空中压力非常低，接近真空状态，所以从太空舱中拿出的水会立刻沸腾，变为水蒸气散发出去。

由于压力变化而导致水沸点变化是常见的现象，比如在高山上气压较低，所以水会在不到100℃的时候就沸腾。而高压锅则是利用高压，使水在更高的温度下沸腾，加速烹饪过程。

09. 水壶里的水垢怎么清除？

把水烧开后，在锅里沉淀下来的那部分称为水垢，水垢一般是钙和镁离子的不溶性碳酸盐沉淀。

水垢会影响送水管道的通畅，水垢附着影响炊具的美观，此外还会缩短热水器寿命等。

由于这些碳酸盐可以被酸溶解，所以使用醋、柠檬汁、可乐等都可以清除水垢，加入这些酸的时候适当加热会更有利于清除水垢。

10. 净水器的原理是什么？

净水器通过多级的过滤和离子交换系统，可以去除水中的杂质。利用颗粒活性炭过滤器等物理过滤和吸附，可以去除小的颗粒物，但不能去除可溶性的重金属离子、一些细菌和钙镁离子等，需要进一步通过微孔陶瓷过滤器、碳块树脂（CBR）、微滤和超滤膜等系统。

过滤器可以不同程度清洁水源，例如用于农业灌溉，提供饮用水，用于水族馆、池塘和游泳池等。

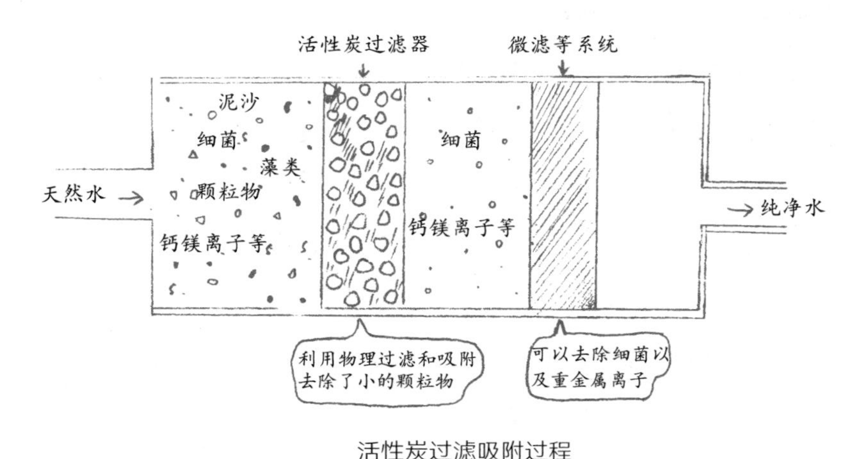

活性炭过滤吸附过程

11. 矿泉水真的健康吗？

相对于纯净水和蒸馏水而言，矿泉水含有锂、锶、锌、硒等微量元素，是人体必需的。

目前主流科学界认为生命必需的元素共有28种，根据人体所需的量分为宏量元素（或称常量元素）和微量元素。

微量元素占人体总质量的0.03%左右，但在生命活动中起着十分关键的作用。不过，饮用水并不是摄入微量元素的唯一渠道，因此没有必要为了追求补充微量元素而只喝矿泉水。

12. 软水和硬水都是什么水？

世界卫生组织（WHO）公布的硬水与软水的标准（以水中碳酸钙含量为标准）中，0毫克/升～60毫克/升为软水，60毫克/升～120毫克/升为中等程度的软水，120毫克/升～180毫克/升为硬水，大于180毫克/升为超硬水。

一般来说，我国北方水质比南方水质硬，原因在于水源不同。一些山区的深井水矿物质含量更高，硬度更大。

我国饮用水的硬度一般不超过425毫克/升，而国家饮用水标准规定为450毫克/升。目前世界上公认的是，软水和硬水喝下去对人的身体完全无害。

13. 山泉水可以直接喝吗？

山泉水是山上泉眼流出的天然水，在我国民间被认为是一种特别的饮用水，品质很高。人们通常认为山泉水无污染，可以直接饮用。但看上去清澈的水中其实仍然有微生物存活，需要杀菌处理。

除此之外，由于各地山体的矿藏情况不同，山石中可能含有重金属元素，因此直接饮用山泉水是有健康隐患的。

14. 海水中除了盐还有什么？

海水中除了有我们非常熟悉的食盐，即氯化钠以外，还有别的盐成分。海水中丰度最高的6种离子是氯离子、钠离子、硫酸根离子、镁离子、钙离子和钾离子。

如果把海水彻底煮干以后，除了氯化钠，我们还会得到硫酸钙、硫酸镁、氯化钾等成分。所以海水并不只是咸的，还有些苦。

15. 牛奶是水溶液吗？

在化学上，牛奶并不是溶液，而是乳化胶体（emulsified colloid）。有的教科书还将乳化胶体称为乳浊液。

油脂、蛋白质等不溶于水的物质以小液滴形态分散于水中形成的稳定体系叫乳化胶体。与此类似，血液也是乳化胶体（血清和血细胞），豆浆也是乳化胶体（奶清、油脂和蛋白质）。

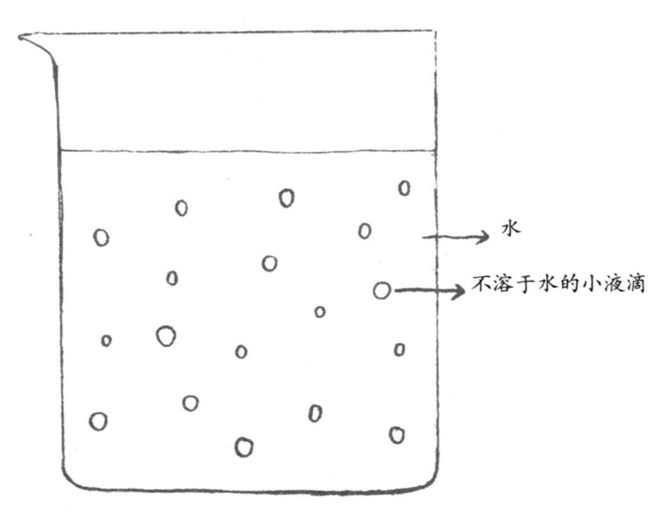

牛奶中的乳化胶体

16. 蜡烛燃烧为什么需要灯芯？

蜡烛通常是由石蜡制造的。

石蜡是多碳烷烃的混合物，一般碳原子数为18～30个，所以室温下呈现为固体。石蜡的燃点较高，在190℃左右，所以并不是石蜡本身不能燃烧，而是环境温度太低了。但是如果有棉芯存在，用火柴点燃的时候，熔化的石蜡会通过表面张力的作用被棉芯吸到火焰顶，也就是燃烧发生的地方，此处温度较高，石蜡就能够燃烧了。因此，吹熄蜡烛后产生的白烟，正是被挥发出来的液状石蜡成分。

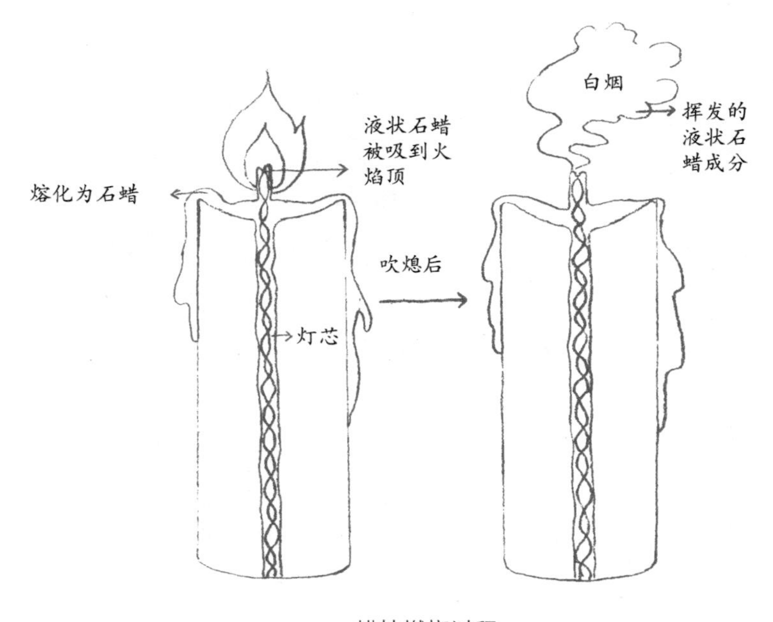

蜡烛燃烧过程

17. 火焰是物质吗？

从严格意义上说，火焰是物质。

火焰形成于物质的化学燃烧过程，物质在这一过程中被迅速氧化，释放出热量、光和各种反应产物。而火焰本身是反应气体和固体的混合物，由于温度很高，所以其中的分子一般都处于激发态，可以放出连续的光。

以木头为例，木头在加热到150℃时会开始冒烟，这是由于木头中的纤维素开始分解，形成挥发性的碳氢氧化合物，这些烟可以被点燃，形成火焰。

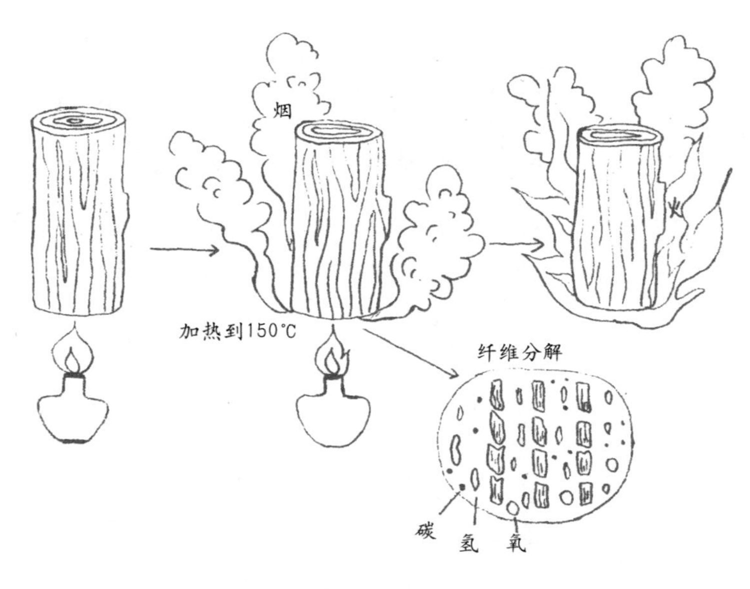

木头燃烧过程

18. 没有氧气也可以燃烧吗？

没有氧气也可以燃烧，因为燃烧描述的是剧烈的氧化过程，所以符合条件的化学反应都可以称作燃烧过程。例如氢气在氯气中燃烧形成氯化氢，并释放出热和光等。镁在二氧化碳中燃烧，被二氧化碳氧化为氧化镁。只要具有强氧化性的，都可以视为助燃剂，例如大气或纯氧气、氯气、氟气、三氟化氯、一氧化二氮和硝酸。

19. 纸尿裤为什么能吸水？

纸尿裤的吸水芯体通常是用吸水树脂制成的，市面上最常见的成分是聚丙烯酸钠。聚丙烯酸钠由丙烯酸和氢氧化钠制成，而丙烯酸由炼油厂的副产品丙烯制成。聚丙烯酸钠可以吸收比自身重200～300倍的水分。

20. 火箭的燃料是什么？

火箭推进剂有固体和液体两大类。

最早的火箭是由黑火药驱动的固体燃料火箭。黑火药的成分是“一硫二钾三木炭”，在古代，它被中国人、印度人、蒙古人和波斯人用于战争。20世纪，液体推进剂火箭成了固体燃料火箭更有效、更可控的替代品。

液体推进剂要搭配相应的氧化剂使用，反应过程剧烈，产生大量高温气体。例如，液氢（燃料）液氧（氧化剂）、RP–1高精炼煤油（燃料）液氧（氧化剂）、肼–50（燃料）四氧化二氮（氧化剂）、肼（燃料）四氧化二氮（氧化剂）等。

21. 为什么头发烧着是焦臭味？

人类的头发和指甲、动物的毛发、鸟类羽毛的主要成分都是蛋白质（尤其是α–角蛋白）。因此，饮食中蛋白质含量高，指甲和头发就会长得快。

这些角蛋白中除了主要的碳、氢、氮元素，还含有硫元素，不完全灼烧时会形成硫醇、硫醚等有气味的分子。吹风机有时会散发出特殊的气味，是由于飘散进去的头发被电阻丝烤焦了。

22. 打火机的燃料是什么？

一次性打火机中的燃料一般是丙烷或丁烷（3个碳或4个碳），而可充气的打火机使用的燃料一般是5～8个碳的混合物，沸点更高一些。这些都是从石油裂解中得到的，或是从煤焦油、页岩气等其他化石燃料中得到的。

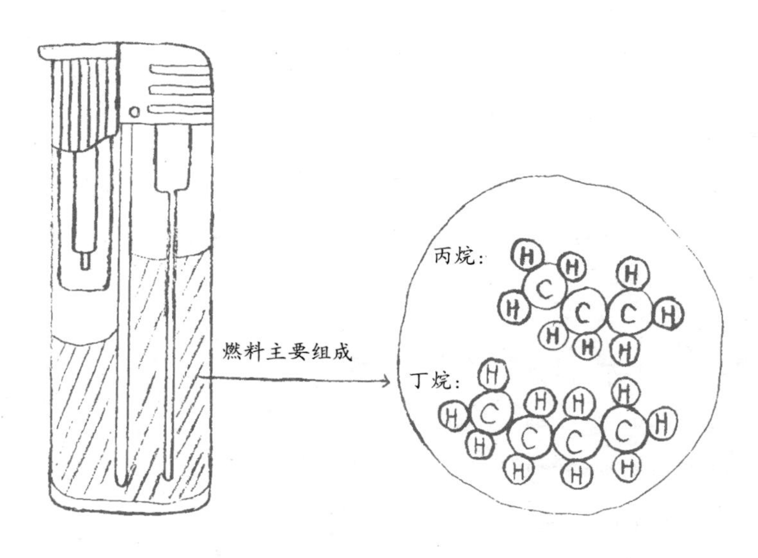

打火机的燃料

23. 锻造宝剑时为什么要淬火？

在材料科学中，淬火是指在水、油或空气中对工件进行快速冷却以获得一定的材料性能。在锻造铁制品（如宝剑）时，最常用的方法是通过诱发马氏体相变来淬火。

在锻造之前，铸铁和钢具有均匀的层状珠光体晶粒结构。这是因为在制造时缓慢冷却形成了铁素体和渗碳体的混合物。珠光体非常柔软，因此对于钢合金的许多常见应用而言并不理想。通过加热珠光体再迅速冷却，该材料的某些晶体结构可以转变为硬度更高的结构，称为马氏体。

在与镍和锰等金属合金化的钢中，共析温度变得更低，这样可以在较低的温度下开始淬火，从而使该过程变得更加容易。

24. 烧艾草真的能治病吗？

烧艾草治病最早可以追溯到上古时期的天、地、水的原始崇拜和春秋战国时期的巫和傩仪式。当时的人们认为，瘟疫是鬼神带来的，而其他疾病源自病气和邪气，是污秽且臭的，所以焚烧、悬挂、佩戴、煎煮、服食芳香植物可以实现治病防病的目的。这当然是非常愚昧的。

用现代科学的眼光来看，烧艾草只能局部加热，促进血液循环，同时还会生成大量的可吸入颗粒物，和汽车尾气类似，对人的身体非常不好。

25. 为什么有的塑料烧着没味道，有的却很臭？

塑料是一大类合成高聚物的统称，绝大多数是由纯粹碳氢原子的链或添加氧、氮、硫等元素形成的链组成的。

如聚乙烯、聚丙烯、聚苯乙烯等彻底燃烧时没有气味，但聚氯乙烯、聚砜等燃烧时会释放出有气味的分子。

这种方法可以用来判断塑料袋是否可以直接接触食品，如果燃烧时有味道则不宜用来接触食品。

26. 食盐撒到火焰上发黄光是燃烧了吗？

每种金属元素都有一个精确的发射光谱，也就是说将某种元素的化合物样品引入火焰中，会形成独特的火焰颜色。科学家能够通过产生的火焰颜色来识别它们。

例如，铜产生蓝色火焰，锂和锶产生红色火焰，钙产生橙色火焰，钠产生黄色火焰，钡产生绿色火焰。这种检测方法快速且易于执行，是早期分析化学使用的方法。

27. 烧烤用的木炭是怎么做的？

木炭是一种深褐色或黑色多孔轻质碳，一般用于燃料。木炭是木材或木质原料在隔绝空气的条件下热解形成的。

由于缺少氧气，木头不会完全燃烧，在释放出水蒸气和挥发性的有机物气体后，木炭就制得了。

与燃烧木材相比，燃烧木炭的优点是干燥和没有除碳外的其他成分。这使木炭可以在更高的温度下燃烧，并且散发出很少的烟气。木炭除了可用作燃料，还可以用于制造黑火药，用于水的过滤，用于绘画甚至园艺和畜牧业。

28. 汽油和柴油是怎么来的？

汽油和柴油是石油制造的可燃液体，主要由通过分馏石油获得的有机化合物组成，在内燃机中用作燃料。平均而言，在炼油厂加工的每桶原油（160升）最多可产生约72升汽油。

为了使汽油符合内燃机的使用条件，汽油在制造过程中会被添加各种添加剂，例如乙醇、甲基叔丁基醚（MTBE）或乙基叔丁基醚（ETBE）等，以提高汽油的辛烷值，提高化学稳定性和性能特征，控制腐蚀性并提供燃油系统清洁服务。

29. 爆炸一定是因为燃烧吗？

爆炸是一种体积快速增加和大量释放能量的过程，通常伴有高的反应温度和气体释放。除了在密闭环境下的快速氧化反应以外，一些分解反应也可以快速释放气体，例如干燥的重氮盐一般对震动敏感，硝酸铵受碰撞也会发生爆炸。甚至纯粹物理变化也可能导致爆炸，例如过热的锅炉中水蒸气使密闭容器破裂形成的爆炸。

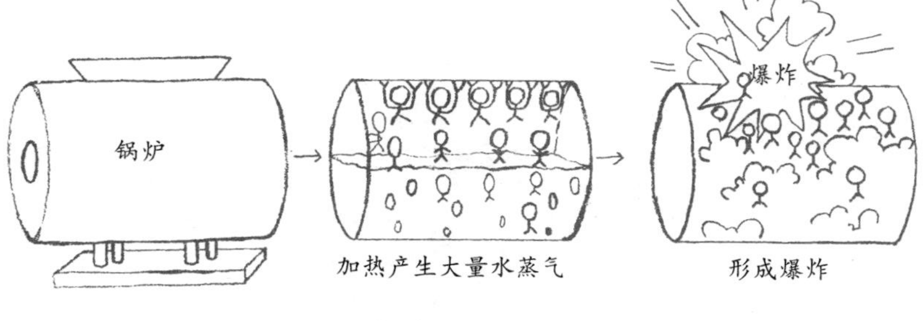

锅炉爆炸过程

30. 馒头彻底燃烧会得到什么?

馒头含有人体需要的各种营养成分，例如淀粉、蛋白质、矿物质、水等。馒头彻底燃烧后，有机物会分解为二氧化碳和水，以及少量的氮氧化合物、硫氧化合物，这两种化合物会以气体形式离开。剩下的灰分主要由无机成分，尤其是金属氧化物组成。灰分分析是对生物材料进行直接分析的方法之一。

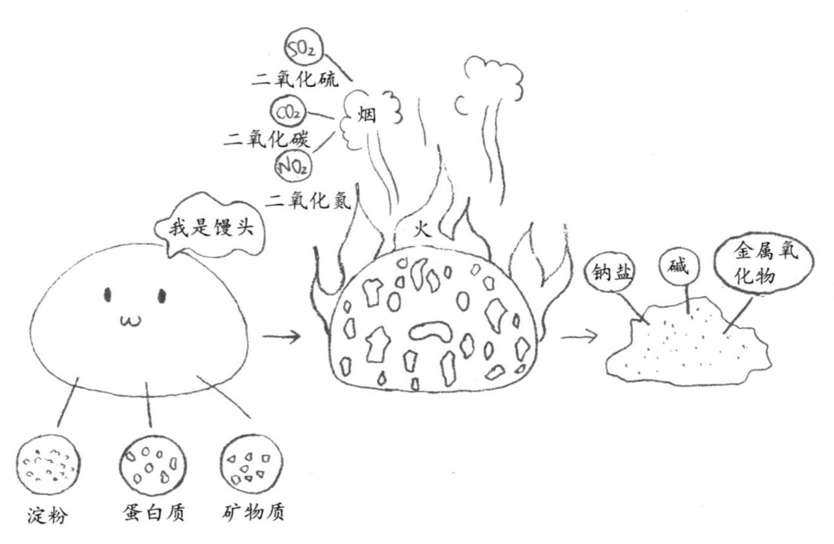

馒头燃烧后的成分

31. 混合动力汽车为什么更环保？

混合动力汽车使用两种或多种不同的能源类型。例如，柴油—电动列车用柴油发动机驱动发电机，从而驱动提供动力的电动马达。混合动力的潜艇浮出水面时使用柴油，潜入水中时使用电池。混合动力汽车的优点是不同的电动机在不同的速度下表现更好：电动机在产生扭矩或转动功率方面效率更高，而内燃机在保持高速方面更好。

第六章

太神奇了！宝石中也有化学

01. 红宝石和蓝宝石成分相同

红宝石和蓝宝石的主要成分都是晶态氧化铝，俗称刚玉。“刚玉”这个名字来源于它的莫氏硬度，其硬度为9，仅次于金刚石。无色透明的刚玉也叫白玉。当刚玉中掺有一些金属铬离子时，刚玉颜色鲜红，一般称之为红宝石。

红宝石中的铬元素含量（质量含量）一般在0.1%～3%，最高可达4%。而包括蓝色在内的其他颜色刚玉则被统称为蓝宝石。蓝宝石的蓝色主要因为其中含有铁元素所致。

02. 翡翠的绿色是怎么来的？

翡翠是辉石矿物，又称硬玉，成分为硅铝酸钠。

翡翠的颜色很多，如白色、浅苹果绿、深翠绿色、粉红色、淡紫色等其他稀有颜色。呈现什么颜色很大程度上与其所含的微量元素（例如铬和铁）有关。在古代，红色的玉一般称为翡，含铁元素；而绿色的玉一般称为翠，含2%以上的铬元素。

03. 绿柱石的大家族：祖母绿、摩根石和海蓝宝石

绿柱石是一大类以矿物绿柱石为原料的宝石的总称，化学成分为铍铝环硅酸盐。由于绿柱石的形成条件不同，导致其中含有的致色离子不同，因此呈现出不同的颜色。

绿柱石家族中最昂贵的是祖母绿宝石。祖母绿的绿色通常来源于其中含有的铬元素。含锰离子、呈玫瑰色的叫摩根石；含有微量亚铁离子的绿柱石叫海蓝宝石；含有铁离子的绿柱石呈金黄色或纯黄色，叫金色绿柱石。

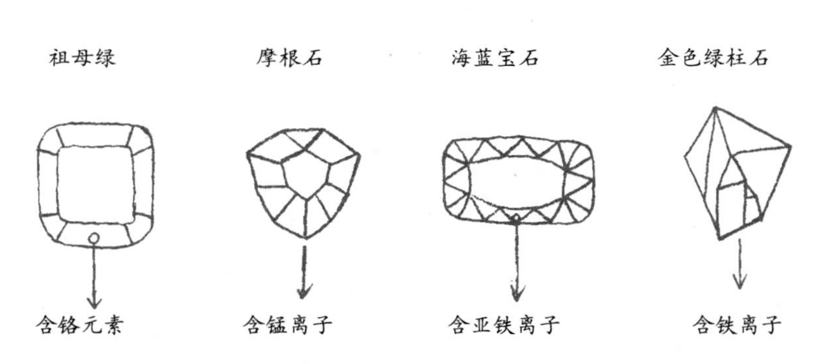

多样的绿柱石

04. 钻石真的不值钱吗？

初学化学的人可能会说，钻石的主要成分就是碳，所以钻石不值钱。但实际上，碳与碳是不同的，钻石的形成需要高温、高压且无氧的特殊地质条件。因此天然纯净、大尺寸且无杂质的钻石是稀有的。除稀有性以外，钻石的开采、切割技术、营销等都有其成本，这些也都是钻石高价的缘由。至于是否值得，完全取决于个人喜好。

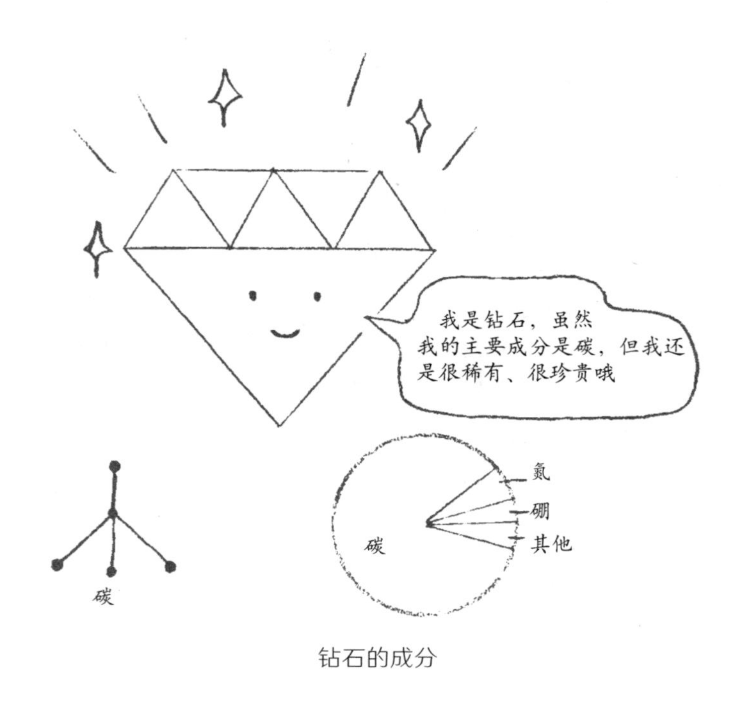

钻石的成分

05. 钻石是彩色的贵还是无色的贵？

通常来说，钻石越无色越稀有，无色的钻石比浅黄色和棕色的钻石更为昂贵。然而彩色钻石与普通钻石的估价标准不同，颜色越深，其价值就越高。

2009年被拍卖的一颗7克拉的深蓝色钻石以950万美元售出，每克拉约130万美元。这一纪录很快在2013年被打破，一颗橙色钻石以3500万美元售出，每克拉约240万美元。2016年的蓝色钻石和2017年的粉红之星钻石先后刷新这一纪录。2017年4月，粉红之星以7120万美元卖给了香港周大福公司。

06. 琥珀为什么是有机宝石？

琥珀是远古时期的树脂化石，其中的树脂由裸子植物和被子植物，如松树、柏树等产生的萜类化合物聚合而成。

萜类化合物或称为萜烯，是由针叶树或一些昆虫分泌的具有刺激性气味的物质组成，可以通过阻止食草动物或吸引食草动物的天敌来保护植物。

萜类化合物种类繁多，其基本结构单元是异戊二烯和相关的一些衍生物。萜类化合物聚合而形成的大分子会随着琥珀在漫长的埋藏过程中逐渐熟化，发生更多的聚合反应、异构化反应、交联和环化反应，最终形成琥珀。

07. 树化玉是化石吗？

树化玉是玉化的硅化木。

在高压无氧的地质条件下，木头结构中构成细胞壁的有机材料被硅酸盐矿物质替代，同时保留其宏观的结构，从而形成硅替代的化石，这一变化被称为定式转变（Topotactic Transition）或假形态（Pseudomorphosis）。假形态在古生物学中很常见，通常是通过用矿物质将残留物进行假晶置换而形成的化石，例如硅化木和黄化的菊石的壳。硅化木的储量很大，并不像宣传的那么稀少。

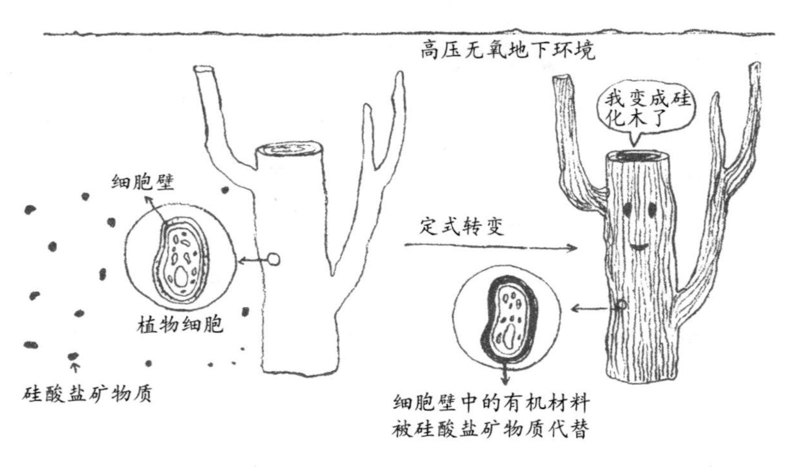

硅化木的形成过程

08. 珍珠为什么不能长久干燥？

珍珠是由一些软体动物的软组织分泌物形成的，和这些动物的外壳一样，珍珠的主要成分也是微晶碳酸钙。理想的珍珠是完美光滑的圆形，带有珠光和虹彩。

保养珍珠首饰时需格外注意，珍珠对酸和碱的抵抗能力都很弱，容易失去美丽的虹彩。长久不佩戴时，不能放在密闭的干燥的盒子内，以免珍珠因失水而影响光泽。

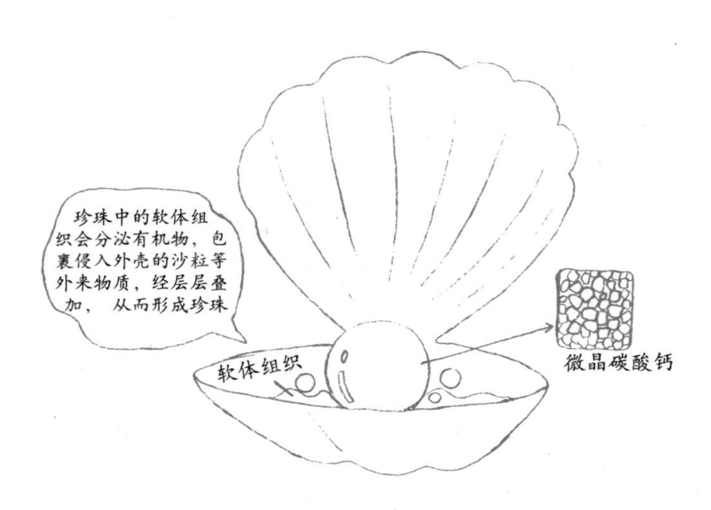

珍珠的主要成分

09. 红宝石是怎样人工制造出来的？

伐诺伊焰熔法，又称火焰合成法，是由法国化学家伐诺伊（Auguste Victor Louis Verneuil）所发明的第一种取得商业成功的合成宝石制造法。

伐诺伊使用氢氧焰加热粉末级的氧化铝，使之熔融形成液滴，然后在火焰下方放置支撑棒，最终形成了大晶体的红宝石。这一方法不仅可用于合成红宝石、蓝宝石等刚玉宝石，也可以生产仿钻金红石和钛酸锶。

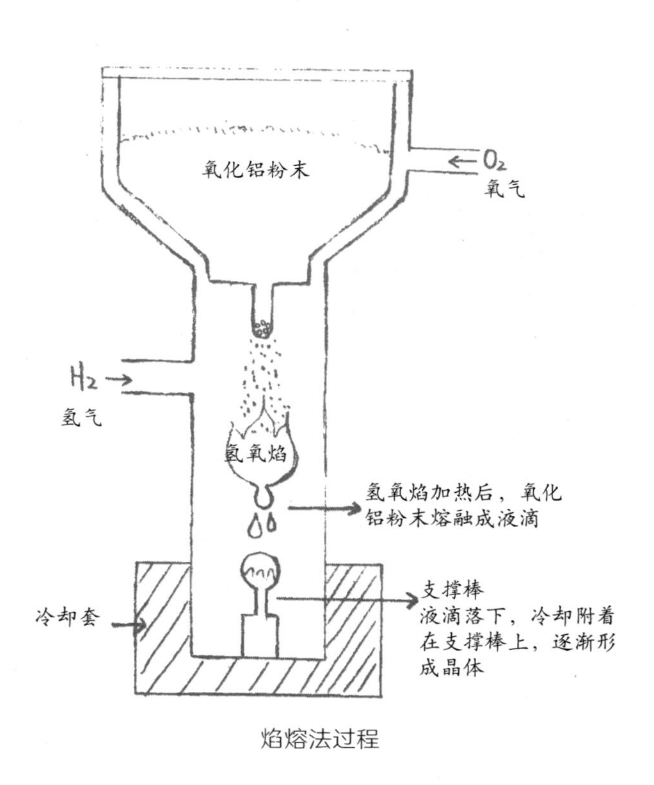

焰熔法过程

10. 钻石也能人工制造吗？

1954年2月15日，通用电气公司宣布首次成功制备出具有商业价值的合成钻石。在2000℃和10万个大气压下，特蕾西·霍尔（Tracy Hall）等人制备的最大钻石颗粒约0.15毫米，虽然不具有成为宝石的价值，但在工业上可用于切割和磨料。

达到宝石级别的钻石由通用公司在1970年首次被制造出来，同样采用了高温高压法。早期由于纯度原因，只能合成黄色和棕色的钻石。如今的技术日臻完善，肉眼已无法区分天然钻石和人工钻石。

2016年，国际钻石销售集团戴比尔斯害怕合成钻石冲击市场，向美国联邦贸易委员会提交宝石指南。2018年7月，委员会通过该指南，但不允许使用“天然”来形容钻石，也不许称其他卖方的产品为“合成”钻石。2018年9月，戴比尔斯上线合成钻石产品。

11. 玉髓和玛瑙成分相同吗？

玉髓与玛瑙其实是同种矿物，主要成分都是二氧化硅，主要区别在于其花纹构造。有条带花纹的称为玛瑙，而没有条带花纹、颜色均一的称为玉髓。人们曾经认为玉髓是纤维状的隐晶质石英。隐晶质指的是只有在显微镜下才能够分辨出的矿物颗粒结构，肉眼无法分辨。但后来人们发现，其中还有单斜石英成分。

12. 为什么沙子、水晶石和蛋白石的主要成分都是二氧化硅，却长得完全不一样？

我们在讨论物质的时候，除了成分外，还需要考虑其微观结构。

就像钻石和石墨与烧烤用的木炭的物质成分都是碳，但原子相连的结构不同。

沙子、水晶石和蛋白石的主要成分都是二氧化硅，但其晶体结构不同。

沙子是二氧化硅的小的多晶。水晶石是高度晶化的二氧化硅单晶，又称为石英。蛋白石又称欧珀，是二氧化硅水合物，微观上呈层状结构。

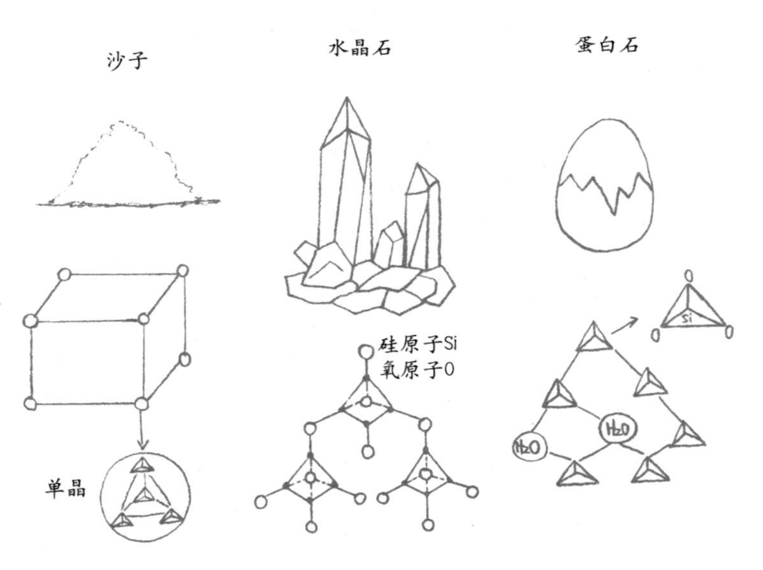

沙子、水晶石和蛋白石的结构

13. 和田玉和缅甸玉为什么软硬不同？

传统上和田玉指的是新疆和田地区出产的玉石，后来概念扩大到泛指软玉。国家标准规定，凡是透闪石含量在98%以上的玉石都称为和田玉。透闪石是钙镁硅酸盐类矿石。

缅甸玉产于缅甸北部，从明末清初开始在我国流行，其实就是俗称的翡翠。翡翠是硬玉，其成分是硅铝酸钠类辉石矿物。硬玉的硬度为6.5～7，而软玉的硬度为6～6.5。

14. 碧玺为什么五颜六色？

碧玺是一类半宝石，主要成分为硼硅酸盐。因其阳离子可发生同构置换，碧玺所处的电气石矿物群是化学上非常复杂的矿物群，组成变化很大，其通式是$XY_3Z_6(T_6O_{18})(BO_3)_3V_3W$，其中Y和Z可以是各种致色离子，例如亚铁离子、锰离子、铬离子、钒离子、铁离子和钛离子等。

国际矿物学协会认可该组中共有35种矿物，颜色丰富多变。富含铁的电气石通常为黑色、蓝黑色、深褐色等，富含镁的电气石为棕色、黄色等，富含锂的电气石可能是任何颜色，如蓝色、绿色、红色、黄色和粉红色等。

15. 愚人金是金子吗？

“愚人金”是黄铁矿的俗称。黄铁矿是硫化亚铁矿物，具有金属光泽和浅黄色的色调，因此获得“愚人金”这一俗称。

黄铁矿除了能与泥灰岩共生形成几乎完美的立方体晶体以外，在古化石标本中也常会发现由它替代形成的菊石外壳、螺类外壳和沙钱等矿石。

16. 金子为什么稀少？

宇宙中各种元素都来自起初的大爆炸和随后的各种天体活动，仿佛盘古开天辟地，轻而清的上升，重而浊的下沉。

起初世间只有氢和氦，到现在这二者仍然是占比最多的，分别占宇宙物质的74%和24%（不计算暗物质）。

大爆炸之后，丰富的天体活动制造了剩下的百余种元素，合计占宇宙物质重量的2%（不计算暗物质）。

金元素主要来源于中子星的合并，因此格外稀少。

实际上，除了金元素以外，还有另外7种天然的金属元素特别稀有，它们被合称为贵金属。

17. 金子也可以不是金色的吗？

我们都知道金子是金色的。有趣的是，很多古董级别的红色玻璃器皿是使用金的化合物制成的，这种把玻璃熔化后掺入金的盐类得到的红色玻璃被称为蔓越莓玻璃（Cranberry Glass）。

席格蒙迪（Richard Adolf Zsigmondy）在1900年左右与光学仪器制造商蔡司（Carl Zeiss）合作，制造了超显微镜（也称为暗视野显微镜），他发现了玻璃的红色来源于金的溶胶，即分散在水中或玻璃中的金的微小颗粒。

当金的颗粒小到纳米尺度时，表面等离子体共振会改变金对可见光的吸收，从而改变其颜色。

事实上，红、橙、黄、绿、蓝、靛、紫色的金溶胶都已经被成功制备了。

18. 金发晶里的金色毛发是什么？

含有针状包裹体的水晶被称为发晶，它们看起来像水晶里包住了发丝一样。

金发晶多为无色，其中有金色、红色和银白色的针状包裹物，这些包裹物是金红石。金红石是二氧化钛的一种天然矿物形式，是生产金红石型钛白粉最佳的原料。此外，在金云母和刚玉中也发现有金红石的包裹体。

第七章
古人眼中的化学

01. 百炼成钢

炼钢的过程涉及物理变化和化学变化。

一方面，钢是铁和碳的合金，经过多次加热可以改变钢中的碳含量；另一方面，在高温加热之后对钢进行淬火操作，可以使钢的微观结构发生变化。

由铁矿石和/或废钢生产钢铁的过程也可以称为炼钢。这一过程将材料中的杂质如氮、硅、磷、硫和过量的碳（最重要的杂质）除去，并加入其他元素如锰、镍、铬和钒等形成合金，从而产生不同等级的钢。

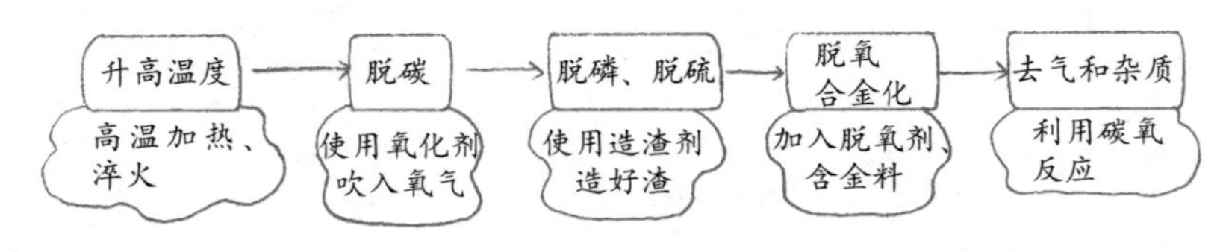

百炼成钢的过程

02. 水滴石穿

“水滴石穿”这个成语涉及物理变化和化学变化。

除了通过水滴击打石头产生碎屑这种物理变化以外，水还会部分溶解石头。世界上并不存在完全不溶于水的物质。很多看似不溶解的物质，其实只是溶解度较小。在化学上这一概念被称为溶解平衡。达到溶解平衡时，溶解速度和沉淀生成速度相等。

以碳酸盐、碱式碳酸盐等为主要成分的岩石更容易发生水滴石穿这一现象。因为碳酸根、碳酸氢根等离子在水中会产生复杂的水解反应，溶解度更容易受水的酸碱性影响，从而形成钟乳石、石笋等特殊的地质结构。

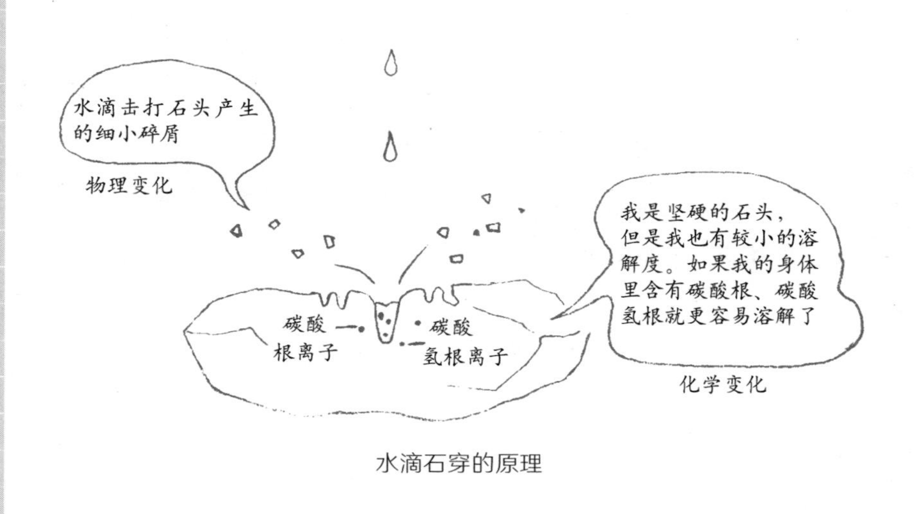

水滴石穿的原理

03. 真金不怕火炼

古人发现，金是一种惰性金属。把黄金加热到熔化，再冷却下来，黄金并不会发生改变。

化学上，金是反应性最低的化学元素之一，因此在天然状态下通常以单质形式存在，如岩石、矿脉和冲积物中的金块或金粒。由于其珍稀且不容易变化，黄金自古以来就被认为非常贵重。

04. 霜叶红于二月花

植物的叶绿体中存在多种植物色素，例如绿色的叶绿素、橙红色的胡萝卜素，还有随着细胞液的酸碱度改变颜色的花青素。

叶绿素对温度较敏感，入秋之后昼夜温差变大，叶绿素容易分解，使其他的植物色素颜色显露出来，看上去叶子就变红了。此外，气温降低，光照减少，也对花青素的形成更有利。

由于枫叶、乌桕叶、槭叶、柿叶的叶片内细胞液都偏酸性，所以呈现出酸性条件下花青素的红色。

05. 葡萄美酒夜光杯

在今天看来，唐代诗人王翰的诗句中提到的“夜光杯”，其材质有以下两种可能。

其一是玉石。以玉做酒杯的习惯可追溯到周朝，使用玉质酒杯也是身份的象征，半透明的玉满足透光的条件。其二可能是玻璃。中国烧制玻璃的历史也可以追溯到周朝。南北朝以前，中国人将烧成的玻璃质透明物体称为琉璃，宋朝时开始称为玻璃。

06. 琉璃杯里沽春酒

“琉璃杯里沽春酒”，此句出自明代诗人朱阳仲的诗。

在明代，琉璃实际上是指烧制的、具有玻璃质表面的一种不透明或半透明的人造水晶，在成分上属于高铅玻璃。明代的琉璃产业十分发达，从供给宫廷的“青帘”到民间使用的日常用品，琉璃应用很广。到万历年间，琉璃产业已经形成行业组织和生产中心，产品甚至远销到朝鲜王朝。

07. 落汤螃蟹着红袍

螃蟹和虾在煮熟后都会从原来的青绿色变成鲜红色，这是因为它们的甲壳中存在一种叫作虾青素的色素分子。

在活的虾、蟹中，虾青素与蛋白质结合形成青绿色的复合物。高温煮熟后，蛋白质变性将虾青素释放出来，显露出虾青素本身的颜色。

虾青素在物质分类上属于一种类胡萝卜素，不易溶于水，但易溶于有机溶剂。

因为具有抗氧化的功能，虾青素被大量使用于膳食补充剂或保健品中，但截至目前，在医学上没有足够的证据证明虾青素的保健作用。

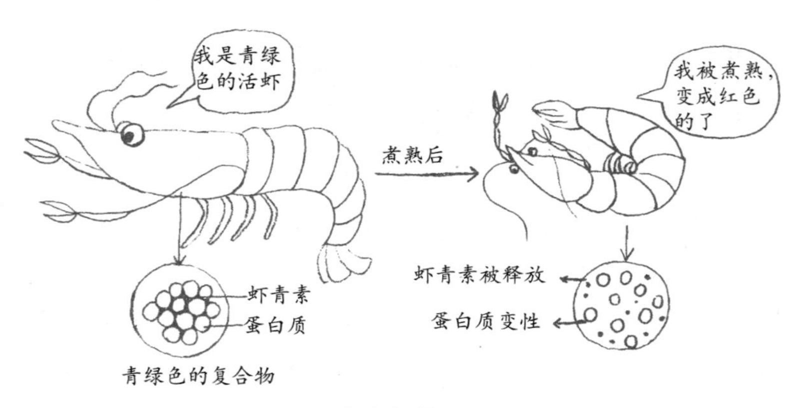

虾变红的原理

08. 水银是否“久服轻身不死”？

从秦始皇起，中国古代帝王就对“长生不死”有执念。很多皇帝豢养炼丹师和方士，让他们炼制仙丹。但这些帝王（包括秦始皇和唐太宗）不仅没有因此长生不死，反而因为服食这些“灵丹妙药”而变得衰弱甚至成疾。

水银在古代炼丹术中是一种非常神奇的物质，它像流动的水，但又有金属的光泽，因而被认为是“至阴之精”。由于水银容易挥发，方士自然将其联想到飞升和“轻身”，因此在炼丹时被大量使用。

从现代医学和化学的角度来看，水银（汞）是一种重金属，人体长期摄入任何形态的汞都会导致汞中毒。与其说感觉“身轻如燕”，不如说是神经中毒了。

09. 爆竹声中一岁除，春风送暖入屠苏

宋代已有爆竹，这得益于火药的发明。黑火药是已知最早的化学炸药，由硫黄、木炭和硝酸钾（硝石）混合制成。硫黄和木炭充当燃料，而硝石是氧化剂。黑火药在9世纪前后由中国的道士发明，在10世纪被用于战争，到13世纪末已遍布欧亚大陆的大部分地区。唐朝炼丹家清虚子撰写的《太上圣祖金丹秘诀》是关于火药的最早记载，而这一发明很可能是在试图炼制灵丹妙药时偶然产生的副产品，从名字中的“药”可见一斑。

10. 曾青得铁，则化为铜，外化而内不变

“曾青得铁，则化为铜，外化而内不变。”这句话出自《淮南万毕术》，此书大约成书于公元前2世纪，作者是西汉以淮南王刘安为代表的淮南学派。

这本书记载了我国古代对自然变化进行初步探索总结出的物理现象和化学现象。但由于没有系统的命名，书中提到的很多物质名称是混乱的。例如有说曾青是天然硫酸铜矿物的，也有说是蓝铜矿（碱式碳酸铜）的。结合物质变化来看，曾青是可溶性铜盐的概率更大，上面这句话描述的是典型的置换反应。

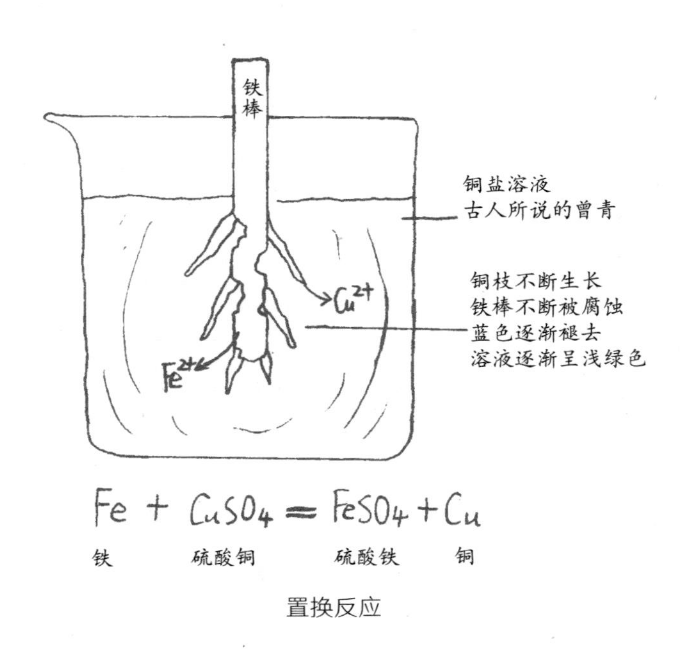

置换反应

11. 东风夜放花千树，更吹落，星如雨

“东风夜放花千树，更吹落，星如雨。”此句出自宋代词人辛弃疾的《青玉案·元夕》，描写了元宵佳节满天的烟花和焰火。

火药发明之后，在唐朝出现了焰火，在宋朝出现了大型的“架子烟火”和“盆景烟花”。和我们如今看到的喷射到半空中的烟花不同，宋朝的烟火是搭建在架子上喷洒的，正如诗句中所写的“夜放花千树”。当时的烟火技师也因为能在烟花展示架上进行复杂操作而受到格外的尊重。

12. 河上姹女，灵而最神，得火则飞，不见埃尘

此句出自东汉时期魏伯阳的《周易参同契》。这本书是现存最古老的炼丹术书籍，其中使用了许多隐语描述物质变化的现象。

“河上姹女”指的就是水银。水银加热后容易挥发不见，即“鬼隐龙匿，莫知所存”。而要固定水银则需要加入硫黄，即“将欲制之，黄芽为根”，“黄芽”指的就是硫黄，这时就会形成红色或黑色的硫化汞。

这些炼丹术的记载可以认为是人们认识自然的一些初步尝试，但距离现代化学还有较远的距离。

13. 登昆仑兮食玉英，与天地兮同寿

此句出自先秦诗人屈原的《九章 · 涉江》，体现了先秦时期人们吃啥补啥的朴素世界观，并影响了后世上千年。道教经典《抱朴子》云：“服金者寿如金，服玉者寿如玉。”吃玉的粉末一度相当流行。此外，人们还将各种矿石磨成粉来吃，单着吃、混着吃，根据颜色和质地揣测功效。

五石散在魏晋时是上流社会和文人士子的日常助兴补剂。由于服用后全身血流速度加快，使人发热，需要宽衣、冷水浴、吃冷饭、喝冷酒散发药性，故又称为寒食散。其效用包括但不限于提神和延年益寿、永葆青春。

除去一些不能被人体吸收且显然无毒的矿物，五石散还含有丹砂（硫化汞）、雄黄（硫化砷）、曾青（蓝铜矿）和硫黄等有毒物质，在今天看来，吃这些显然是很可怕的。五石散的发热作用，应是来源于其复杂化学成分引起的神经毒性。

14. 千锤万凿出深山，烈火焚烧若等闲。粉骨碎身浑不怕，要留清白在人间

“千锤万凿出深山，烈火焚烧若等闲。粉骨碎身浑不怕，要留清白在人间。”这首《石灰吟》是明代于谦的七言绝句，描述了石灰石（碳酸钙）从开采到煅烧的过程，借物喻人，凛然正气。

自然界中碳酸钙是一种比较常见的物质，矿藏丰富，例如方解石、大理石、钟乳石、石灰石、云母、珊瑚、贝壳等主要成分都是碳酸钙。碳酸钙经过约1000℃的煅烧后得到生石灰。生石灰被广泛用于建筑材料中。

在湿法熟化过程中，生石灰遇水变为熟石灰是剧烈的放热过程，随后形成的泥子可以黏合砖头和石头，也可以作为粉刷墙面的涂料。

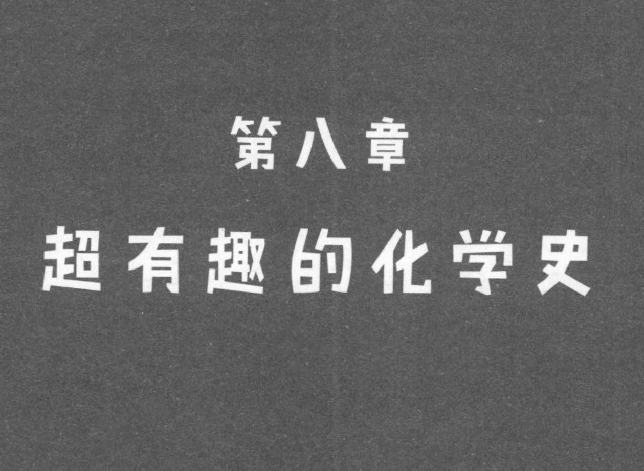

第八章
超有趣的化学史

01. 梦见巨蛇带来科学灵感

德国有机化学家凯库勒（Friedrich August Kekulé）是19世纪下半叶杰出的科学家。凯库勒创立了结构化学理论，以推导苯的六元环结构而闻名。

据说这一灵感来源于梦，他梦见一条咬着自己尾巴的巨蛇。这条蛇的名字叫沃洛波罗斯（Ouroboros），来源于古埃及的肖像画。这个巨蛇形象通过古希腊魔法而进入西方，是诺斯替主义、赫密斯主义和炼金术的典型符号。

02. 种地也有化学学问

美国人埃德蒙·鲁芬（Edmund Ruffin）是土壤化学之父，主要研究如何恢复贫瘠土壤的肥力。

鲁芬认为，美国东南部由于过度种植单种作物而使土壤变得酸性更大，即使添加更多肥料也无济于事。他提出的补救措施是通过撒石灰的方式来中和土壤酸度。他以出版图书和在期刊发表文章的形式进一步说明了施肥、耕作和轮作作物以增加谷物产量的有效方法，并在19世纪50年代开班讲授。

03. 拿自己做实验的化学家——约翰·威廉·里特

意大利科学家路易吉·伽伐尼（Luigi Galvani）进行了著名的蛙腿实验，成为第一个评价电力和运动/生命联系的研究者，他将这一现象归结为“生物电现象”。

但这一解释遭到意大利科学家亚历山德罗·伏打（Alessandro Volta）的怀疑。伏打认为，蛙腿的动作不是由于生物产生的电现象，而仅仅是由于金属接触产生的电流。

德国化学家约翰·威廉·里特（Johann Wilhelm Ritter）则认为两者都不对，他认为电流来自化学反应产生的电。他的解释比伽伐尼和伏打的解释更接近当今的观点，但在当时未被认可。里特进行了几次自我实验，将伏打电池的两极连接在自己的手、眼睛、耳朵、鼻子和舌头上。拿自己做实验可能是他后来身体健康状况不好的原因。

04. 一个错误的原子理论

丹麦物理学家尼尔斯·玻尔（Niels Bohr）曾提出一种原子模型，即将原子描述为微型的太阳系，其中电子围绕核旋转。因为在原子结构及引发的辐射方面的研究，玻尔获得了1922年诺贝尔物理学奖。但这一原子理论后来被证明是错误的。

05. 用于改善牛奶营养成分的化学学问

1929年，芬兰生物化学家维尔塔宁（Artturi Ilmari Virtanen）发现，以特殊化学方法处理过的青贮饲料喂养的奶牛，其乳汁与以普通饲料喂养的奶牛的乳汁不仅在味道上没有区别，而且含有更多维生素A和维生素C。

维尔塔宁曾于1945年获得诺贝尔化学奖，获奖原因是“他在农业和营养化学领域的研究和发明，尤其是他的饲料保存方法”。他发明的饲料保存方法（AIV Fodder，“AIV”是他的名字首字母缩写）主要针对青贮饲料，即由绿色作物或副产物经过密封、发酵而成的饲料。他向新鲜储存的谷物中添加稀盐酸或硫酸，酸度会停止有害的发酵，改善绿色饲料的存储效果，并且对饲料或饲喂动物的营养价值没有不利影响。这在漫长的冬季非常重要。他发现，只要将盐酸和硫酸的强度保持在一定的精确范围（pH值约为4）内就足够了。

06. 1米的长度究竟是多长？

1889年9月28日，第一届国际计量大会（CGPM）定义了1米的长度。1米的定义是在冰点下测得的一根标准合金条上两条线之间的距离。

该合金条含有90%的铂与10%的铱。之所以选用这一比例，是因为它比纯铂硬得多，而特殊的X形横截面（Tresca截面）最大程度地减小了扭转应变的影响。

这根合金条现保存在法国塞夫尔市的国际度量衡局（BIPM）。

07. 保温瓶为什么会保温？

英国科学家詹姆斯·杜瓦（James Dewar）设计了一个在两层玻璃之间抽真空的双壁烧瓶，以此实现低温，并将其用于研究气体的液化。由于热量在真空中传播慢，所以可起到保温作用。杜瓦是第一个获得液态氧、固态氧、液态氢、固态氢的人。时至今日，实验室中的杜瓦瓶还是以他的名字命名的。这种技术推动了保温瓶的诞生，现代家用保温瓶的内胆还涂了银或合金镀层，可进一步减弱热辐射。

双壁烧瓶保温原理

08. 另一位居里夫人

1897年9月12日，皮埃尔·居里（Pierre Curie）和玛丽·居里（Marie Curie）的大女儿——化学家伊莲·约里奥–居里（Irène Joliot–Curie）出生。伊莲虽然常常被笼罩在父母的光环下，但她也是一名出众的科学家。

值得一提的是，伊莲和她的丈夫让·弗雷德里克·约里奥–居里（Jean Frédéric Joliot–Curie）并没有遵循传统的妇女出嫁后随夫姓的习俗，而是为了纪念“居里”这一伟大姓氏，采取了夫妻双姓合一的方式，即妇随夫姓，夫随妇姓。

夫妇二人用α粒子轰击稳定的原子，将它们转化为不同的放射性元素。它们由硼产生氮，从铝产生磷，从镁产生硅。夫妻二人因对人工放射性元素的发现而于1935年获得诺贝尔化学奖。

09. 埃及艳后的眼线墨

在历史上，阿拉伯妇女喜欢用辉锑矿、脂肪和煤灰混合来制作眼线墨。历史上有名的埃及艳后也使用这种眼线墨。

锑及其化合物对人类健康的影响差异很大。锑金属不会影响人类和环境健康，但吸入三氧化二锑和类似的难溶性三价锑尘埃颗粒（如锑尘）被认为是有害的，并有可能引发癌症。辉锑矿是锑的硫化物，有毒。

10. 同位素标记用来诊疗疾病

1941年9月11日，德国–美国生物化学家鲁道夫·舍恩海默（Rudolf Schoenheimer）去世。他在生前开发了用放射性同位素标记分子的技术。这成为追踪动物和植物中有机分子变化的途径，并彻底改变新陈代谢研究。

例如，使用碳同位素标记的尿素溶液，可以用来诊断人的胃部是否被幽门螺旋杆菌感染。因为幽门螺旋杆菌可以代谢尿素，形成二氧化碳，测量人呼气时产生的碳同位素标记的二氧化碳含量，就可以知道胃部是否有这种细菌。

11. 影响艺术流派的化学家

德裔物理化学家弗里德里希·威廉·奥斯特瓦尔德（Friedrich Wilhelm Ostwald）是经典物理化学的创始人之一，因其在催化、化学平衡和反应速度方面的贡献而于1909年获得诺贝尔化学奖。

除了拥有奥斯特瓦尔德法制硝酸的专利、创建稀释理论、将摩尔的概念引入化学，以及在电化学和化学动力学方面的研究以外，奥斯特瓦尔德在其他诸多领域也颇有建树，曾出版4000页关于一元论的哲学作品，参与和平运动，资助国际语言运动，晚年还自制颜料成为十分活跃的业余画师。由于这一兴趣，奥斯特瓦尔德发展了独特的色彩理论，出版了色彩学的著作，并影响了荷兰的现代艺术流派——风格派的运动。

12. 利用核聚变制造出来的新元素

1982年8月29日，鿏（Meitnerium，Mt）在德国亥姆霍兹重离子研究中心被首次合成。这一实验十分重要，因为除了产生一种人类创造的、自然界中找不到的新元素外，它还证明了利用核聚变制造新的重核的可行性。

研究人员使用线性加速器加速^{58}Fe离子轰击^{209}Bi原子得到了鿏。这项工作3年后在杜布纳联合核子研究所得到证实。

鿏极具放射性，最稳定的已知同位素^{278}Mt半衰期只有4.5秒，非常不稳定。

13. 焰色反应与新元素发现

德国化学家罗伯特·本生（Robert Bunsen）发明了著名的本生灯，改进了当时使用的实验室燃烧器，至今仍被广泛使用。他还研究了加热元素时的发射光谱，即我们熟知的焰色反应。

本生也参与发现了元素铯和铷。在这项工作中，本生在涂尔干（Dürkheim）的矿泉水样本中检测到未知的蓝色光谱发射线。他猜测这些线条意味着存在未被发现的化学元素。在仔细蒸馏了40吨这种水之后，1860年，他分离出17克的新元素，并将其命名为“铯”（Cesium，Cs），拉丁语意为“深蓝”。第二年，他通过类似的过程发现了铷。

14. 电磁学“圣祖”

丹麦物理学家、化学家奥斯特（Hans Christian ϕrsted）发现电流可以产生磁场，这是人类第一次把电和磁现象联系起来，这种效应被称为电磁学。

他的发现引发了整个科学界对电动力学的大量研究，影响了法国物理学家安培（André–Marie Ampère）使用单一数学公式表达载流导体的磁力的研究，即我们熟知的右手螺旋定则（安培定则）。

在化学方面，奥斯特在1824年通过使用钾汞合金还原氯化铝，第一次实现分离金属铝。1827年，德国化学家沃勒（Friedrich Wöhler）重复了奥斯特的实验，但没有生成铝（这种不一致的原因直到1921年才被发现）。直到1856年，工业化制备铝才成为可能，在此之前，铝制品比黄金还贵。

15. 唯一以真实女性名字命名的元素

鿏是以奥地利–瑞典物理学家莉泽·迈特纳（Lise Meitner）的名字命名的，她是核裂变的发现者之一。这是第一种人类创造的、自然界中找不到的新元素。

以人物名字命名元素并不罕见，比如，锔是以居里夫妇二人的名字命名的。此外，还有一些以女性神话人物命名的元素（如钒），但鿏是唯一以真实女性名字命名的元素。

16. 终结传统西医的人

19世纪80年代，英国外科医生约瑟夫·李斯特（Joseph Lister）首次使用抗菌试剂苯酚进行手术的消毒。

在李斯特的研究之前，外科医生给病人动手术从不洗手。因为在没有任何细菌感染理论的情况下，洗手被认为是不必要的。当时的外科医生甚至为他们沾满了血液、脓液、粪便而从未洗过的手术服感到自豪，称其为“古老的外科臭味”，以显示他们经验非凡。

李斯特是抗菌手术的先驱。起初，他发现在伤口擦拭苯酚溶液可显著降低坏疽的发生率，并在格拉斯哥皇家医院工作期间推动了无菌手术的理念。使用无菌器械和清洁伤口取得了巨大成功，大大减少了因术后感染而导致死亡的概率。因此，李斯特被医学领域认为是“防腐外科之父”。

17. 能人工合成蛋白质吗？

世界上首个人工合成的蛋白质是牛胰岛素，是我国科学家在1965年实现的。研究团队由来自北京大学化学系、中国科学院上海生物化学研究所、中国科学院上海有机化学研究所的研究者组成。

18. 拉瓦锡和他的爱人

“现代化学之父”安托万·拉瓦锡（Antoine-Laurent de Lavoisier）是18世纪化学革命的核心人物。拉瓦锡的妻子玛丽（Marie Anne Paulze Lavoisier）担任他的实验室助手，并为他的工作做出了巨大贡献。她帮助拉瓦锡翻译了几部科学著作，绘制实验设计图，并实现了科学方法的标准化。

由于地位显赫，拉瓦锡在法国大革命中被定为叛徒。在他被监禁期间，玛丽定期探监并为他的释放而努力奔走活动。她在法庭上讲述了丈夫作为一名科学家所取得的成就以及他对法国的重要性。尽管如此，拉瓦锡仍被判为叛国罪，于1794年5月8日在巴黎被处决，享年50岁。

在拉瓦锡去世后，新政府没收了玛丽的财产以及拉瓦锡所有的笔记本和实验室设备。尽管有这些障碍，玛丽仍然组织了拉瓦锡最后的回忆录《化学的回忆》（*Mémoires de Chimie*）的出版，汇编了他的论文以及他与同事们展示新化学原理的文章。

19. 24岁发现了溴的年轻人

1826年7月3日，法国化学家巴拉尔（Antoine–Jerome Balard）宣布发现溴。当时的他还是一位不知名的年轻实验室助理，才24岁。“溴”这个词来自希腊语，意思是“恶臭”。

巴拉尔在纯粹与应用化学方面都相当勤奋。在对含氯漂白粉的研究中，他首先提出了漂白粉是氯化钙和次氯酸盐的混合物的观点。

值得一提的是，著名的微生物学家巴斯德（Louis Pasteur）26岁时在巴拉尔的实验室当过学生，并在这里发现了酒石酸具有“左手”和“右手”的晶体，成为分子手性研究的奠基人。

20. 联合国第一个全票通过的条约

1987年9月16日，世界各国领导人签署了《关于消耗臭氧层物质的蒙特利尔议定书》，该条约同意逐步淘汰消耗平流层中臭氧的化合物（如氟氯烃等）的生产和消费。如果保持协议，预计到2050年臭氧层将恢复。

197个缔约方（196个国家和欧洲联盟）批准了臭氧条约，使其成为联合国历史上第一个得到全部同意批准的条约。可见在生命威胁面前，什么区域利益冲突都不值一提。

氟氯烃消耗臭氧层会导致紫外线UV–B辐射增加，使皮肤癌患病率增加，作物和海洋浮游植物受损增加。

21. 一个参与发现12种新元素的人

1915年7月15日，美国核科学家阿尔特·吉奥索（Albert Ghiorso）出生。他一生中共参与发现了12种新的化学元素，这在化学史上也是相当罕见的成就。这12种元素分别是：

镅Am，95号，Americium，名字取自美国America。

锔Cm，96号，Curium，名字取自居里夫妇Curie。

锫Bk，97号，Berkelium，名字取自伯克利Berkeley。

锎Cf，98号，Californium，名字取自加州California。

锿Es，99号，Einsteinium，名字取自爱因斯坦Einstein。

镄Fm，100号，Fermium，名字取自费米Fermi。

钔Md，101号，Mendelevium，名字取自门捷列夫Mendeleev。

锘No，102号，Nobelium，名字取自诺贝尔Nobel。

铹Lr，103号，Lawrencium，名字取自劳伦斯Lawrence。

𬬻Rf，104号，Rutherfordium，名字取自卢瑟福Rutherford。

𬭊Db，105号，Dubnium，名字取自俄罗斯小镇杜布纳Dubna。

𬭳Sg，106号，Seaborgium，名字取自西博格Seaborg。

22. 皮埃尔·居里和玛丽·居里谁启发了谁？

关于放射性的研究，一开始是玛丽·居里的想法。她系统研究两种铀矿物：沥青铀矿和铜铀云母。她的结论是，如果她之前将铀的数量与其活性相关联的猜想是正确的，那么这两种矿物一定含有少量比铀活性更强的物质。

皮埃尔·居里对她的工作越来越感兴趣。从1896年开始，两位物理学家一起研究放射性。

到1898年中期，皮埃尔·居里投入了大量资金，以至于他决定放弃晶体的研究工作并加入妻子的研究中。最终，他们发现了钋元素和镭元素。

虽然玛丽·居里起初把原创的想法讲给丈夫听，并寻求意见，但她明确了想法的所有权。她后来在为丈夫写的传记中两次记录了这个事实（皮埃尔·居里因马车事故意外身亡），以确保没有任何歧义。

23. 稀土究竟是不是土？

稀土不是土，称其为“土”，需要考虑其特定的历史原因。在那个年代，炼金术还十分流行，元素理论尚不完备，拉瓦锡的燃烧理论还没有被广泛接受。当时人们对元素的认识很大程度上受到古希腊元素说的影响，即土、水、空气、火和后来的以太。

1794年，芬兰人约翰·加多林（Johan Gadolin）第一次提取出了第一种稀土元素。加多林在一块来自瑞典伊特比村的矿石中发现其重量的38%都是一种未知的“土”元素。

瑞典化学家安德斯·古斯塔夫·埃克伯格（A. Ekeberg）进一步确认了这一结果，并根据矿石的发现地伊特比村的名字而把这一元素命名为钇（Yttrium）。

其实，这块矿石里还包含了7种在当时未知的元素，比如随后几十年在其中发现的铒 （Erbium, Er, 1842年）、铽（Terbium, Tb, 1842年）和镱 （Ytterbium, Yb, 1878年），都是根据伊特比村命名的。

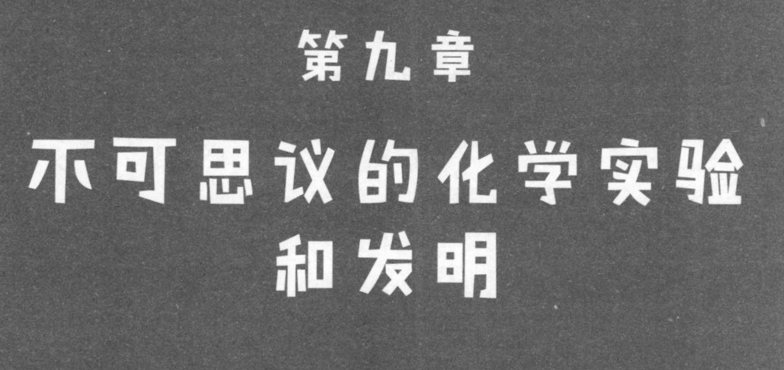

第九章

不可思议的化学实验和发明

01. 合成染料珀金紫源于一个失败的实验

英国化学家威廉·亨利·珀金（William Henry Perkin）最重大的贡献来源于一次无心插柳的实验。他在研究抗疟药物时失败了，却因此偶然发现一种紫色染料，并意识到这种新的紫色染料的商业潜力。

珀金发现这种紫色染料时是化学家霍夫曼（August Wilhelm Von Hofmann）的助手，霍夫曼的主要研究目标是合成奎宁。由于这种紫色染料的发现不属于奎宁任务中的一环，又是珀金在自家花园的小木屋里做实验时发现的（对霍夫曼保密），因此珀金在他18岁时获得了这一合成工艺专利。这种染料后来叫作苯胺紫，又称珀金紫，是最早的合成染料。

02. 从太阳光里发现的元素

1868年8月18日发生了一次日食。法国天文学家让桑（Janssen）在英属印度马德拉斯（今印度金奈市）观察日食时发现太阳的光谱中有一条特殊的黄线。这是对这一特征光谱线的第一次观察。让桑推断这条黄线可能来源于当时尚未在地球上发现的元素。

后来，人们认识到这一波长为587.49纳米的亮黄色线来源于氦（Helium, He），并以希腊太阳神赫利俄斯（Helios）的名字为其命名。

03. 阿司匹林并不是这种物质的真实名字

德国化学家费利克斯·霍夫曼（Felix Hoffmann）于1897年8月10日首次合成了乙酰水杨酸（即镇痛药阿司匹林），使这种物质第一次在稳定形态下用于医疗。

拜耳公司销售这种物质时将它命名为阿司匹林，并注册了商标专利。阿司匹林是最早的商业药物之一，如今仍然是世界上使用最广泛的药物，每年生产和消费约35000吨。

04. 食品密封盒竟然来自炼油废渣？

美国发明家伊尔·特百（Earl Tupper）是一位成功的商人。在杜邦化学公司工作期间，特百开始研究废聚乙烯——杜邦公司炼油过程中产生的废品。

特百净化了这种黑色坚硬的聚乙烯炉渣，并将其模塑成轻质、不易破碎的杯子、碗、盘子等容器，甚至还有第二次世界大战中使用的防毒面具。特百后来设计了防漏液的盖子，灵感来自油漆桶的密封罐盖。

1938年，31岁的特百成立了特百惠公司，并在20年后以1600万美元的价格出售。不久后，他与妻子离婚，放弃了美国公民身份以避税，并在哥斯达黎加海岸附近买了一个岛屿。

05. 水、盐、土、火和金属

在18世纪，大多数实验主义者对化学物质的概念都基于以下5个“原则”：水、盐、土、火和金属。苏格兰化学家约瑟夫·布莱克（Joseph Black）一开始也是如此。但在1754年，布莱克注意到，加热碳酸钙产生的气体比空气密度大，不能维持火焰或动物的生命。他把这种气体称为“固定空气”（fixed air），我们现在知道它是二氧化碳。

当布莱克的实验明确证实存在二氧化碳时，他补充了“气”的原则。

06. 钴蓝颜料和蓝玻璃

1777年5月4日，法国化学家泰纳尔（Louis Jacques Thénard）出生，他最重要的研究工作包括发现了过氧化氢和钴蓝染料。后来，泰纳尔的名字与其他71位法国科学家、数学家和工程师的名字一起被刻在埃菲尔铁塔上，法国人以此方式纪念他们的成就。

驰名中外的青花瓷中的蓝，正是使用钴料烧制而成。据说早在唐代就有使用钴料烧制蓝色瓷器的记录。当然，那时全世界都还没有化学的概念。直到泰纳尔发现钴蓝的成分是氧化铝和氧化钴的复合物，或者说铝酸钴。不过钴蓝并不是只在青花瓷中大展拳脚，一些绘画作品和蓝玻璃中也使用了钴蓝。

07. 碳酸饮料是怎样发明的？

英国化学家约瑟夫·普里斯特利（Joseph Priestley）的研究主要集中在气体方面，比如他研究了啤酒酿造发酵桶中液体上方的“固定空气”（二氧化碳），他发现了氧气、二氧化硫、氨、氮氧化物、一氧化碳和氟化硅。

普里斯特利还有一项技术十分有趣，虽然他错误地推测这可能是治疗坏血病的方法，但因此制作出来的苏打水等碳酸饮料确实挺好喝的，这种方法一直到今天还在使用。因此普里斯特利被称为“软饮料之父”。

08. 安全玻璃的发明

法国化学家爱德华（Edouard Bénédictus）发明了夹层玻璃。在1903年，他不小心摔了一个玻璃瓶，发现玻璃瓶虽然裂了，但没有摔成碎片。他发现这个玻璃瓶以前装过塑料的溶液。受此启发，高分子聚合物被用于制作这种夹层的玻璃，两块玻璃之间用聚乙烯醇缩丁醛（PVB）黏合，受到大力冲击时，高分子中间层可以防止玻璃破裂成大块的锐利碎片。

09. 轮胎的发明源自意外

橡胶是橡胶树的分泌物，天然的橡胶很黏、很软，无法成型。1852年，美国化学家固特异（Charles Goodyear）在做实验时，无意之中把盛橡胶和硫黄的罐子丢在炉火上，橡胶和硫黄受热后流淌在一起，形成了块状胶皮，他因此发明了橡胶硫化法。固特异轮胎橡胶公司（Goodyear Tire & Rubber Company）就是以他的名字命名的。

块状胶皮的形成过程

10. 既能做染料又能做炸药的苦味酸

苦味酸的化学命名为2,4,6–三硝基苯酚（TNP），和其他硝化有机物一样，苦味酸也是一种炸药。

苦味酸最早于1771年被发明，在随后的一百年间一直被用作黄色染料。1871年，德国–英国化学家赫尔曼·斯普伦格尔（Hermann Sprengel）证明了它可能会被引爆，制造了世界上最早的合成炸药。大多数军事大国在当时都使用苦味酸作为主要的高爆炸性物质。由于苯酚是制造苦味酸的原料，在第一次世界大战时，苯酚原料的流通受到限制。

11. 最早的洗手液是怎么发明的？

1865年，液体皂的第一项专利获得授权，这就是人类历史上最早的洗手液。发明人威廉·谢泼德（William Sheppard）将1磅（0.4536千克）固体肥皂溶解在水中，然后加入100磅（45.36千克）氨水使液体增稠。

1980年，企业家罗伯特以Softsoap品牌销售液体皂，在6个月内售出了价值2500万美元的Softsoap。他通过一次性购买市面上所有的瓶子，以确保没有其他人可以同时发布类似的产品。

1987年，罗伯特将该品牌出售给高露洁公司。

第十章

万万想不到是这样的化学

01. 万物有化学

大众对化学概念非常模糊，很多人对化学的认识停留在加热高锰酸钾可制取氧气的高中水平，却对生活中处处可见的药物、日用化学品、塑料、燃料、涂料、调料所涉及的化学知识知之甚少。

实际上，化学是物质科学的一支，在原子和分子水平研究物质变化。换言之，我们身处的物质世界的一切，都是化学的研究对象。人类的历史进程被化学左右，反之，人类历史也影响化学的演化和分支。从炼金术到发现磷再到探究生命起源，从合成氨到第二次世界大战再到粮食增产、人口爆炸，从原油到催化裂化再到聚乙烯最后到英国“禁塑令”，从二氯二苯三氯乙烷（DDT）的发现者获得诺贝尔奖到《寂静的春天》出版再到今天的农药问题，故事很多，有的有趣，有的发人深省。这一切都是化学。

02. 法医化学：分析化学的实用前沿

法医化学是在法律环境中对化学及其子领域的应用。

法医可以利用化学鉴定在犯罪现场发现的未知物质，例如血清学、血痕、遗传物质DNA、指纹识别、毒理学和毒品测试等。

法医有时会以鉴定人的身份在法庭上作证。

03. 化学和生物的关系

生命的基本运作依赖于化学反应，因此在生物学的研究中需要大量借助化学的研究手段，例如酸碱性滴定、酸碱性测量、结晶等。

学科的交叉也诞生了许多二级学科和下游学科，例如生物化学、化学生物学、糖化学等。

如果说化学是在分子、原子的水平上研究物质的变化，那么生物在微观上则是侧重研究生命体中物质的变化。

可以说，自然学科的界限并不明晰，这也正是跨学科研究的魅力所在。

04. 生物化学：人体内时刻发生着数不清的化学反应

生物化学探索生物体内的化学过程。这是一门基于实验的科学，将生物学和化学结合在一起。通过使用化学知识和技术，生物化学家可以理解和解决生物学问题。

生物化学有三大主题：结构生物学、酶学和代谢。

它通过理解生物分子如何引起活细胞内部以及细胞之间发生活动的化学基础，帮助人们理解组织和器官，以及生物体的结构和功能，解释生命的诸多现象，比如呼吸、消化、排泄，甚至具体到人为什么需要喝水这样的问题。

05. 无机化学：从矿石到盐

无机化学主要研究无机物和有机金属化合物的合成和行为，涵盖除有机化合物（碳基化合物，通常包含CH键）以外的所有化合物。但无机化学和有机化学之间的区别并不绝对，因为有机金属化学这一子学科有很多无机化学和有机化学的交叉。无机化学在化学工业的各个方面都有应用，包括催化、材料、颜料、表面活性剂、涂料、药品、燃料和农业等，是一门非常实用的学科。

加拿大、中国、印度、日本和美国等化工生产大国在2005年生产的前20种无机化学品为：硫酸铝、氨、硝酸铵、硫酸铵、炭黑、氯气、盐酸、氢气、过氧化氢、硝酸、氮气、氧气、磷酸、碳酸钠、氯酸钠、氢氧化钠、硅酸钠、硫酸钠、硫酸和二氧化钛。

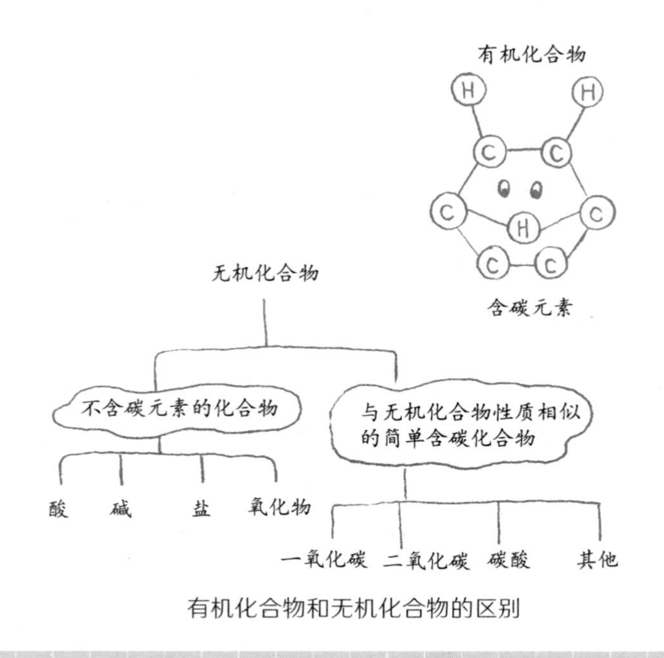

有机化合物和无机化合物的区别

06. 有机化学：生命的基石

有机化学主要研究有机化合物的结构、性质和反应。有机化合物构成了地球所有生命的基础，并构成了大多数已知化学物质。在19世纪以前，化学家们普遍认为，从活生物体中获得的化合物具有生命力，使它们与无机化合物区别开来。但1828年弗里德里希·维勒（Friedrich Wöhler）从无机起始材料（氯化铵和氰酸银）合成了有机化学物尿素。尽管维勒本人并未声称自己反对活力论，但这是实验室中第一次在没有生物原料的情况下合成了被认为是有机的物质。现在，该事件被普遍认为反驳了活力论。

由于碳的键合模式有4个：单键、双键、三键和带有离域电子的结构。这使有机化合物在结构上具有多样性，其应用范围非常广泛。有机化学的基础研究与有机金属化学和生物化学交叉，而且在实用研究中与药物化学、高分子化学和材料科学交叉。

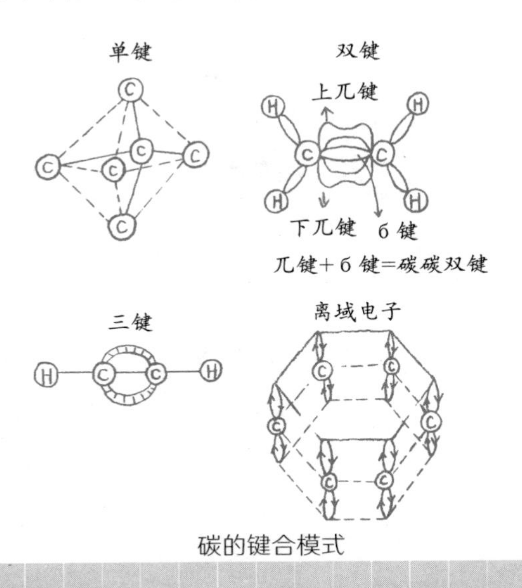

碳的键合模式

07. 分析化学：火焰和溶液的艺术

分析化学研究用于分离、识别和量化物质的仪器和方法，鉴定可以基于颜色、气味、熔点、沸点、放射性或反应性的差异。传统的定性分析常常借助彻底的灼烧和溶液中的离子反应来完成。

在1900年之后，仪器分析逐渐成为该领域的主导，特别是借助20世纪初发现的许多光谱学和色谱学技术。

分析化学的应用包括法医学、生物分析、临床分析、环境分析和材料分析等。

基因组学、DNA测序和蛋白质组学等所包含的原理实际上也属于分析化学。

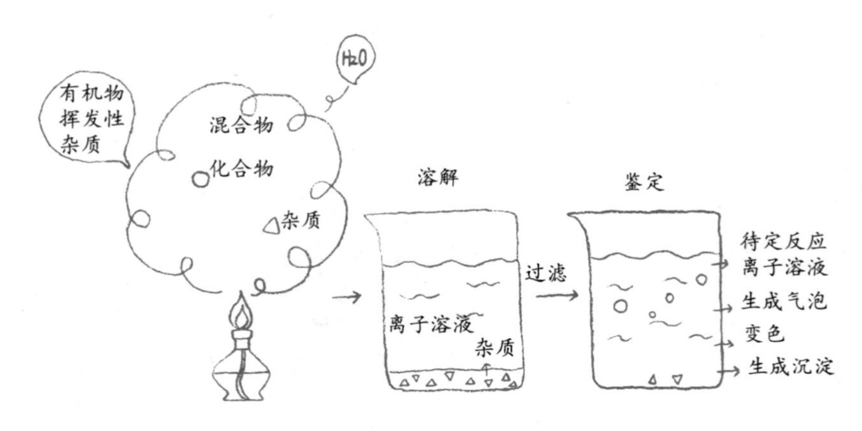

传统的定性分析

08. 神经化学：喜怒哀乐全由分子控制

神经化学是对控制和影响神经系统生理功能的化学物质的研究，包括神经递质、心理药物和神经肽等。

尽管神经化学作为一门公认的学科相对较年轻，但神经化学背后的想法自18世纪就出现了。

早期有人提出假设：许多神经系统疾病可能是由于大脑化学物质失衡导致的，因此通过化学手段可以治愈大多数神经系统疾病。

使用化学物质改变大脑功能的首批重大成果之一是左旋多巴（L–DOPA）实验：向患有帕金森氏病的患者注射左旋多巴后不久，患者的震颤急剧减少，效果持续很长时间。

09. 食品化学：香气、风味和口感

食品化学主要研究的对象是食品的所有生物和非生物成分的化学过程以及相互作用，比如针对营养物质中的碳水化合物、脂肪、蛋白质、水、维生素和矿物质等的研究，或者针对发酵过程、酶催化过程的研究，以及针对食品添加剂、防腐剂和调味剂的研究。

此外，食品化学还需要用到流变学、物理和化学热力学、量子力学和反应动力学、生物聚合物科学、胶体相互作用、成核、玻璃化转变和冻结/无序或非晶态固体等知识。

10. 化学和物理的关系

化学和物理同属于物质科学，研究对象相似，化学反应本质上可以还原为微观粒子的物理过程。

现代化学的基础研究也大量依赖物理学方法，例如光谱、质谱、色谱、核磁、电化学等。

但化学不可称为物理的分支。

在物理基本理论的基础上，化学发展出自有的解释世界的语言和逻辑。例如，虽然配位键的物理本质是电子对的给予和接受，但在配位化学中这一过程有更丰富的理论内涵，而配位化学在生物学、材料学、结晶学、矿物学、凝聚态物理等学科中又有广泛的应用。

11. 药物化学：药学的上游

药物化学是化学和药学的交叉，尤其是合成有机化学和药理学的交叉，主要涉及药物设计、化学合成和开发药物试剂或生物活性分子。

用作药物的化合物通常是有机化合物，分为小分子有机物（如阿托伐他汀、氟替卡松、氯吡格雷）和“生物制剂”（如英夫利昔单抗、促红细胞生成素、甘精胰岛素）。

此外，一些无机化合物和有机金属化合物也可用作药物（如以锂和铂为基础的试剂）。

12. 材料科学：上天入地的基础

材料科学，通常也被称为材料科学与工程，主要研究设计和合成新材料，特别是固体材料。这是一门将冶金学、固态物理学和化学等结合在一起的融合学科。

材料通常用来定义一个时代的节点，例如石器时代、青铜器时代、铁器时代。现代材料科学直接从冶金学发展而来，而冶金学本身又是从采矿和（可能是）陶瓷制造发展而来的，再往前追溯，都是从使用火种发展而来的。

材料科学已经推动了革命性技术的发展，例如橡胶、塑料、半导体、超导材料、航空材料、纳米材料、量子点、合成钻石、导电聚合物和生物材料等新型材料。

13. 天体化学：宇宙和星辰是什么物质

天体化学除了研究宇宙中元素和分子的丰度，以及它们和辐射的相互作用，还研究星际间气体和尘埃间的相互作用，特别是分子气体云的形成、相互作用和毁灭。

研究这些内容可以让我们理解生命的起源，例如元素从哪里来，化合物在宇宙中是如何形成的，陨石是不是真的给地球带来了最早的有机物等。

14. 高分子化学：塑料和橡胶

高分子化学是一个专注于研究聚合物、大分子的化学合成、结构和性能的学科。

天然的高分子十分常见，比如棉花纤维中的纤维素和木头中的木质素，以及生物体的遗传物质DNA都属于天然高分子。而合成聚合物在日常使用的商业材料和产品中也普遍存在，通常称为塑料和橡胶，并且是复合材料的主要成分。

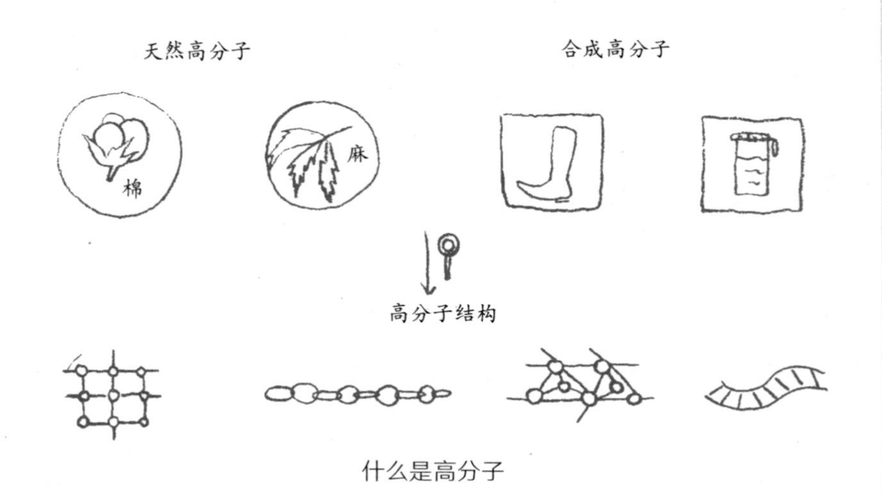

什么是高分子

15. 光化学：光驱动的反应

光化学主要是研究光的化学作用。

通常，该术语用于描述由于吸收紫外线（波长10纳米～400 纳米）、可见光（400纳米～760 纳米）或红外辐射（760纳米～1毫米）而引起的化学反应。

在自然界中，光化学具有极其重要的意义，因为它是光合作用、视觉产生和人体晒太阳合成维生素D的基础。单单光合作用就花费了人们数十年的时间才将其彻底理解。不过，光化学也具有破坏性，如塑料的光降解。

16. 声化学：声驱动的反应

声化学涉及超声波的化学作用和应用。

超声波是人耳难以听见的高频声音，对成人而言，这一频率范围通常为20赫兹～20 千赫兹。

超声波的化学作用并非来自超声波与溶液中分子的直接相互作用，而是通过在液体中形成声空化的作用，从而引发或增强溶液中的化学活性。声空化指的是液体中气泡的形成、增长和内爆性破裂。这些气泡的破裂导致气泡内部大量能量积聚，从而在超声液体的微观区域产生极高的温度和压力。高温和高压会导致气泡内或气泡附近的任何物质迅速爆炸而发生化学激发。

17. 晶体化学：从闪闪发亮的宝石讲起

晶体化学是对晶体背后化学原理的研究，并使用这些原理描述固体中的结构—性质关系。

从微观的角度讲，晶体化学研究原子在空间中如何堆积——像搭积木一样遵循着对称原理，原子之间通过各种相互作用成键——因而产生不同的性质。

雪花、钻石、食盐和冰糖都是晶体，水晶、钻石、红宝石、祖母绿也是晶体，就连沙子都是无数细小的晶体。

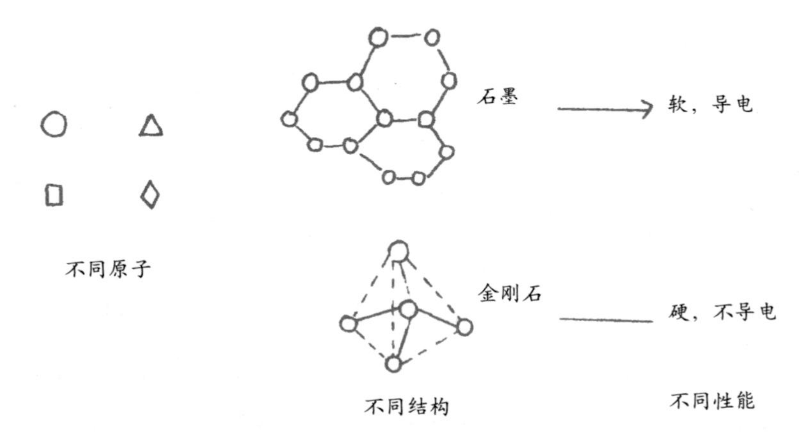

在原子水平探索晶体的化学组成、结构和性能

18. 电化学：电驱动的反应

电化学是物理化学的一个分支，主要研究电与化学变化之间的关系，其中，电既可以是特定化学变化的结果，也可以是引发化学变化的原因。

从早期的汞电池到锌锰干电池再到现在的锂电池，电池原料的更新迭代，就是基于对这个化学问题不断深入理解而产生的。

在现实生活中，金属的防腐镀层、手机的电池、电镀都涉及电化学过程。